세상을 보는 또 다른 창을 만나다

처음 지리학

10대를 위한 진로수업

세상을 보는 또 다른 창을 만나다

처음 지리학

공우석 지음

봄마중

"캘리포니아에서 파타고니아까지 걸어갈 생각이다.

그 길에서 식물과 동물의 표본을 채집할 것이다.

산의 높이를 재고, 광물의 성분도 분석할 것이다.

그러나 나의 진정한 목표는

자연의 힘, 상호 간의 관계를 밝히는 일이다"

_알렉산더 폰 훔볼트(Alexander von Humboldt, 독일 지리학자 1769~1859)

"지리학은 지도로 만드는 예술이다"

_피터 허겟(Peter Haggett, 영국 지리학자 1933~)

세상을 보는 또 하나의 창, 지리학

제4차 산업혁명과 새로운 과학기술이 일상이 되면서 세상은 하루가 다르게 빠르게 바뀌고 있다. 이에 더해 기후변화, 전염병, 미세먼지, 생물다양성 감소, 디지털 혁명 등 인류는 이전과는 다른 새로운 길을 가고 있다.

2021년도에 교육부는 '모든 학생의 성장을 돕는 포용적 고교 교육 실현'을 목표로 한 전면적인 고교학점제 종합 추진계획을 발표했다. 고교학점제는 대학에서처럼 학생이 공통과목을 공부한 뒤 자신에 맞는 진로와 적성에 따라 과목을 선택해 공부하고 학점을 쌓아 졸업하는 제도다. 고교학점제 도입은 고등학교 교육을 근본적으로 바꿀 것으로 예상된다.

사회 변화와 불확실한 환경 속에서 자신의 진로와 적성을 찾아 스스로 갈 길을 정하는 것은 바람직하다. 고등학교에서 학점제가 시행되면 학생은 학교가 짜주는 시간표가 아닌 자신의 희망 진로와 적성에 필요한 과목을 선택해 공부하면 된다. 바야흐로 학생들의 미래 설계에 도움이 되는 경쟁력 있는 교과가 주목을 받게 되는 것이다.

이를 위해서는 대학에 어떠한 학과가 있고 선택하는 전공에서는 무엇을 배우고, 사회에 진출해 어떻게 활용할 수 있는지 등 알아야 할 것이 너무 많다. 그러나 우리 현실은 전공 분야를 선택하는 데 참고할 체계적이고 상세한 정보가 부족하다. 그러다 보니 자신의 적성이나 의지와 관계없이 학과를 지망하는 일이 드물지 않다.

이 책은 진로를 고민하는 청소년들이 슬기롭게 미래를 디자인하는 데 지리학이라는 전공이 도움이 되기를 바라며 집필했다. 지리학은 어떻게 발전했는지, 세상을 보는 지리적인 눈이 무엇인지, 지리학에서는 무엇에 관심을 가지고 어떤 공부를 하는지, 미래를 설계하는 데 지리학이 어떤 도움이 될지 등을 다루었다.

우리가 살아가는 데 지리 지식은 꼭 필요하다. 그럼에도 학교에서 학생들이 지리 과목을 기피하는 이유는 무미건조하고 단순한 지식 나열식 구성에 흥미를 느끼지 못하기 때문이다. 지리는

우리의 삶과 세상을 다루는 학문으로 자연이나 사회뿐 아니라, 한때 인류가 거주했고, 현재 생활하며, 앞으로도 살아갈 공간을 이야기한다. 지리학은 세계의 정세를 파악하고, 나아가 세상을 바라보는 올바른 시각과 세계관을 가진 민주시민을 기르는 학문이다.

이 책은 뒤쪽의 〈더 읽을거리〉에 소개된 지리학 관련 서적과 온라인 누리집 등에 공개된 정보, 지리교육자모임_{대한지리학회, 한국} 지리환경교육학회 등 전문학회, 전국지리교사모임, 전국지리교사연합회, 지리교육연구회 지평, 전국사회과교과연구회의 서적뿐 아니라 네이버지식백과, 다음백과, 위키피디아, 한국민족문화대백과사전을 참조해 완성했으며 다른 학문적 배경을 가진 사람들의 서적과 강용진, 조해수 선생과 나누었던 지리교육 현장의 이야기까지 모두 담고자 노력했다.

모쪼록 《처음 지리학》이 청소년들과 미래를 대비하고 싶은 이들에게 길라잡이 역할을 할 수 있기를 소망한다. 지리학을 알면 새로운 세상이 보인다. 지리학은 세상을 바로 보는 또 하나의 창이다.

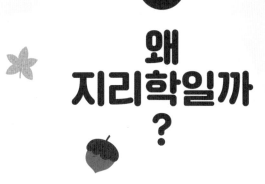

1

왜
지리학일까
?

지리학은 우리 삶터의 문제

요즘에는 누구나 여권을 만들어 자유롭게 세계여행을 할 수 있지만, 1989년 세계여행이 자유화되기 전에는 일부 사람들만 해외에 나갔다. 대부분의 사람들은 책으로만 세계를 접할 수 있었다.

필자는 고등학교 때《지리부도》를 보면서 세계를 탐험하는 꿈을 꾸었고,《역사부도》와 함께 시간을 넘나드는 여행을 했다. 대학에서 지리학을 공부하면서는《National Geographic》이라는 잡지를 자주 읽었다. 미국 내셔널 지오그래픽 협회National Geographic Society에서 펴내는, 뛰어난 사진과 사실적인 기사가 돋보이는 세계적 명성의 다큐멘터리 잡지다.

지리학Geography은 우리 삶터의 문제이다. 공간이 없는 삶, 터전이 없는 삶은 있을 수 없다. 지리학은 인간의 삶과 떼어 생각할수 없다. 그러나 우리는 흔히 삶과 지리를 별개의 것으로 여긴다. 바로 학교 수업 시간에 생겨난 편견들 때문이다. 현재 지리 시간에 배우는 내용은 우리를 둘러싼 구체적인 삶이 빠지고 지나치게 추상화된 것들이다. 선진국에서는 국어, 수학, 과학, 역사와 함께 지리를 핵심 과목으로 가르치고 있다. 지리를 알면 세상을 보는 눈이 열리고, 앞으로 어떻게 살아야 할지 해답을 찾을 수 있기때문이다.

지리학地理學은 공간을 중심으로 인문·사회·과학 등 여러 관점을 아우르는 종합과학이며, 각각의 학문을 이어주는 다리 역할을하는 융합적 학문이다. 지리학은 지표 위에 있는 사물과 현상만을 다루는 것이 아니라 공간과 인간 사회의 여러 현상 사이의 관계를 다양한 관점에서 바라보고, 원인을 찾고, 문제를 해결하는학문이다.

지리는 표면적인 사실을 나열하는 것이 아니라, 지역에서 벌어지는 각종 정보를 수집, 분석해서 그 지역만의 특징인 지역성을 찾아내는 학문이다. 지리는 지구상의 이치이며 경제는 인간이토지와 자원을 두고 벌이는 쟁탈전이다. 지리를 공부하면 인간의경제 활동에 대해 심층적으로 해석할 수 있다.

지리는 지형, 기후, 식생 같은 자연환경을 배우는 것에 그치지 않고 농업, 공업, 무역, 교통, 인구, 종교, 언어, 촌락, 도시에 이르기까지 현재의 시점에서 포착할 수 있는 각종 정보를 수집, 분석해서 미래를 예측한다.

　지리는 글로벌한 시각으로 세상을 바라보는 힘을 길러 준다. 어떤 사건과 현상을 융합하거나 하나의 사회문제를 여러 각도에서 바라볼 수 있는 능력을 키워 줄 뿐 아니라 한층 깊이 있는 사고를 할 수 있게 하는 매력을 가졌다. 세계 시민으로서 가져야 할 가치와 태도를 기르는 것은 시험을 목표로 하는 지식을 얻는 것보다 훨씬 가치 있는 일이다.

　지리학은 시·공간적 생태적 시각으로 지도를 사용해 공간의 규칙성과 장소의 다양성을, 야외 답사를 통해 확인하면서 밝혀 나간다. 따라서 우리가 사는 세상을 입체적으로 보는 눈을 갖게 한다. 다양한 기후, 지형과 바다 이야기를 통해 세계가 서로 어떻게 연결되어 작동하는지를 설명하고 산업화와 도시화의 문제, 지구온난화와 생태계 변화 등으로 신음하는 지구를 어떻게 보전해야 할지를 일깨운다. 아울러 여러 대륙의 특징과 세계의 문화, 자원, 세계의 갈등과 문제를 다루면서 함께 살아가는 지혜를 준다.

　지리학에서 지도, 삽화, 그래프, 도표 등은 복잡한 기호가 아닌 공간의 속성을 알려주는 함축적인 수단이다. 말이나 글로 표현하

기가 어렵고 복잡한 내용을 간단·명료하게 표현하는 유용한 도구이다. 지도가 만들어진 이야기, 지도를 읽는 방법, 세계의 시간 등을 통해 세계가 어떻게 연결되어 있고 그것을 지도가 어떻게 나타내는지 알려준다. 그런 의미에서 지리학은 지표에 펼쳐져 있는 모자이크를 알아가는 길이다.

지리를 딱딱하고 재미없다고 느끼는 것은 지리 교과서와 교육 탓이 크다. 자연지리와 인문지리를 복잡하게 설명하는 '계통지리'는 개념과 이론이 중심이라 청소년들의 호기심을 일으키지 못한다. 지역의 특징을 설명하는 '지역지리'는 너무 많은 내용을 나열해 학생들이 외면하는 암기 과목이 되었다. 지도는 복잡하고 이해해야 할 것이 너무 많다. 이에 더해 해마다 계속되는 교육과정의 개정과 대학수학능력시험 개편 등이 겹치면서, 지리는 재미도 없고 공부할 분량만 많은 기피 과목이 된 것이 현실이다.

미래를 준비하는 데 필요한 지리학

그렇다면 왜 지리학이 미래 사회를 준비하는 데 알맞은 공부인 것일까? 그 이유는 현재 지구촌이 안고 있는 자연, 사회, 경제, 환경적 현안을 살펴보면 알 수 있다.

국제연합환경계획 UNEP은 인류가 당면한 공동의 환경문제로 기후변화, 식량, 서식지 파괴, 화학비료, 자연자원의 고갈, 외래동식물, 마시는 물, 납 등 중금속 오염, 대기오염, 먼지 등을 손꼽고 있다.

스웨덴 스톡홀름 대학의 두뇌집단인 충격복원력센터 Stockholm Resilience Centre는 지구촌이 해결해야 할 환경적 현안 가운데 생물 다양성 소실, 질소와 인의 순환, 기후변화 등이 긴급하고, 해양 산성화, 토지 이용, 민물 이용, 공기 중 에어로졸, 성층권 오존 파괴, 화학적 오염 등도 심각한 상황이라고 발표했다.

유엔은 인류가 당면한 현안을 2030년까지 해결하고자 '지속가능개발목표'를 출범시키고 '누구도 소외되지 않는' 지속 가능한 사회로 발전하기 위해 빈곤 극복, 기아 해결 등을 목표로 잡았다. 그리고 이를 이루기 위해서는 경제성장과 함께 사물인터넷 IoT, 인공지능 AI, 빅데이터, 블록체인 등 4차 산업혁명의 핵심 기술을 포함한 과학기술 혁신이 필요하다고 밝혔다.

세계 경제를 이끄는 국가들의 모임인 경제협력개발기구 OECD는 2030년까지 10대 미래 기술 발전에 필요한 8가지 메가트렌드 Mega Trend로 인구, 천연자원 및 에너지, 사회, 부·건강·웰빙, 국가의 역할, 글로벌화, 경제·일자리·생산성, 기후변화와 환경 등을 강조했다.

다보스포럼Davos Forum으로 알려진 세계경제포럼World Economic Forum은 소득 불균형, 청년 실업, 선진국의 늘어나는 채무로 인한 재정 위기, 수자원 위기, 이상 기후, 기후변화 대응 실패, 식량 위기, 정치·사회의 불안정 심화, 금융 제도 실패 등을 지구촌이 해결해야 할 위협으로 보았다.

영국 경제주간지《이코노미스트The Economist》는 2020년대 초반에 눈여겨 봐야 할 트렌드로 민주주의 대 독재 정치, 전염병에서 풍토병으로, 인플레이션 우려, 노동의 미래, 테크 기업에 대한 새로운 반발, 암호화폐의 성장, 기후 위기, 여행 문제, 우주 개발 경쟁, 정쟁의 불씨 등 10개의 주제를 선정했다.

미국 캘리포니아 대학의 재레드 다이아몬드Jared Diamond는《총, 균, 쇠》에서 개인과 국가가 겪는 위기는 오랜 기간 축적된 점진적 변화가 쌓여 생긴 결과라고 말했다. 그리고 인류가 해결해야 할 문제를 인구 증가, 화석연료, 대체에너지원, 자연자원, 기후변화, 국가 간 불평등, 핵무기 등으로 보았다.

무엇을 선택하고 어떻게 변화할 것인가는 우리의 선택에 달려 있고, 그 선택이 미래를 바꿀 수 있다.

유럽 최고의 석학으로 평가받는 아탈리Jacques Attali는《어떻게 미래를 예측할 것인가》에서 미래를 예측하는 일이 필요함을 강조했다. 이는 정해진 미래에 순종하기 위해서가 아니라, 미래의

다보스 포럼

다보스 포럼에서는 소득 불균형, 청년 실업, 선진국의 늘어나는 채무로 인한 재정 위기, 수자원 위기,
이상 기후, 기후변화 대응 실패, 식량 위기, 정치·사회의 불안정 심화, 금융 제도 실패 등을
지구촌이 해결해야 할 위협으로 보았다.

위기를 관리하고 가능한 한 인생의 흐름을 스스로 정하기 위해서다.

우리는 이성과 직관을 바탕으로 오늘날까지 축적된 모든 지식을 미래 예측에 활용해 새로운 길을 열어야 한다. 국가의 미래를 예측하려면 우선 그 나라의 '회고적 예측'인 역사, 지리, 문화, 요리, 음악, 해양에 대한 태도, 충격복원력부터 알아야 한다.

이처럼 국제기구에서 연구자에 이르기까지 여러 집단에서 제시한 지구촌 현안은 대부분 전통적으로 지리학이 연구하고 가르치는 내용이다. 지리학자들은 오래전부터 이러한 현실과 미래 문제에 관심을 가지고 해결책을 모색해 왔다. 그러므로 과거를 복원하고 현재를 이해해서 미래 사회에 대비하려면 지리학이 필요하다.

2

지리학의
뿌리와 발전

고대의 지리학자들

인류가 탄생한 이래 사람들은 의식주를 해결하기 위해 주변 환경에 관심을 가졌다. 또 문명이 발달하면서 먼 곳에 대한 호기심도 많아졌다. 기원전 2500년경 메소포타미아 사람들은 기호를 사용해 점토판에 강, 농경지, 마을 등을 그렸다.

본격적인 지리학은 고대 그리스에서 시작되었다. 그리스인들은 문학, 철학, 기하학의 발달과 함께 지리학적 지식을 여행기로 남기거나 지도로 나타냈다.

자연에 대해 처음으로 언급한 아낙시만드로스Anaximandros, 기원전 610년경~기원전 545년경는 후대 그리스 작가들이 지리학의 진정한 창시자로 여기는 사람이다. 오늘날의 지리학자와 같은 생각을 한 사람은 터키 밀레토스의 헤카타이오스 Hecataeus, 기원전 550~476라고 알려져 있다. 그는 세계관 연구에 관심이 많아 그리스 시대 최초의 지리서인 《페리에게시스》에서 세계지도를 그렸고 지리학의 아버지로 불린다. 그리스 역사가이자 지리학자였던 헤로도토스 Herodotos, 기원전 480년경~420는 세상을 관찰하는 능력이 뛰어나 인간의 관습과 역사에 관심을 가졌고 다른 나라와 사람들과의 차이에 대해 글로 묘사했다.

지리학이라는 용어는 그리스의 에라토스테네스 Eratosthenes, 기원전 275~195가 만들었다. 그는 'geo'땅 또는 토지와 'graphia'표시 또는 기술하다를 합해 오늘날 지리학 Geography과 같은 뜻을 지닌 그리스어 용어를 만들고 같은 이름의 책도 펴냈다. 그는 경도와 위도를 이용한 지도를 만들고, 지구가 둥글다고 생각했다. 또 지구의 둘레를 측량기구 없이 막대기와 그림자의 길이만으로 계산해 내기도 했는데 현대에 와서 밝혀진 지구 둘레와 거의 비슷했다.

기원 전후에 지리학적 업적을 낸 지리학자 스트라보 Strabo, 기원전 64~기원후 20는 고대 그리스의 지리학을 총 17권으로 정리해 《지리학》이라는 책으로 펴냈다. 이 책은 아우구스투스 왕의 재임 기간 기원전 27~기원후 14에 그리스·로마에 알려져 있던 국가와 민족들을 설명한 현존하는 유일한 것이다. 프톨레마이오스 Claudius Ptolemaeos, 90~168는 2세기 로마제국의 지리학을 엮어 책으로 펴냈는데, 모든 장소와 지형을 격자를 사용해 좌표로 나타냈다.

하지만 로마제국이 멸망한476년 이후 15세기에 유럽의 르네상스가 시작되기까지 1천여 년 동안 서구에서는 기독교가 모든 세상을 지배하면서 지리학을 비롯한 모든 학문이 정체되거나 퇴보했다.

지리학이 발전했던 이슬람 세계

중세시대의 유럽인들은 그리스 문화와 크리스트교의 영향으로 세계가 원반 모양일 것으로 생각했다. 지도의 위쪽이 아시아, 아래쪽이 유럽과 아프리카로 나누어지고, 그 사이에 돈강, 나일강, 지중해가 놓여 있는 TO지도가 유행했다.

중세시대에는 유럽보다는 이슬람 세계에서 지리학의 발전이 두드러졌다. 활발한 상업 활동을 펼치던 이슬람 상인들의 요구에 따라 더욱 정확한 지도들이 등장했기 때문이다. 이슬람권에서는 알 이드리시Muhammad al-Idrīsī, 1100~1165가 상세한 '세계지도Tabula Rogeriana'를 제작했고 중세 지리학의 위해한 저서인《세계의 여러 지역들을 횡단하려는 사람의 즐거운 여행》을 펴냈다.

이븐 바투타Ibn Battuta, 1304~1368가 쓴《리흘라Rihla》는 이슬람 국

TO 지도

중세시대의 유럽인들은 그리스 문화와 크리스트교의 영향으로
세계가 원반 모양일 것으로 생각했다.

가와 중국, 수마트라에 이르기까지 12만km나 되는 넓고 긴 여정을 묘사한 여행기다. 사람들은 이 책을 통해 동부 아프리카에서 아라비아, 남부 러시아, 중앙아시아, 인도, 동남아시아와 중국까지 세계관을 확장할 수 있었다.

르네상스와 대항해시대의 지리학

유럽의 지리학은 15세기 이후 두 가지 시대적 이유에서 급속하게 발전했다. 첫 번째는 르네상스 운동이다. 유럽에서는 1096~1270년 사이 8차례에 걸친 십자군 원정이 실패하면서 교황의 권위가 추락했다. 동시에 기독교적 세계관에서 벗어나 인간의 이성과 자유사상에 의한 사고를 중요시하는 움직임이 일어났다. 이를 르네상스라고 하는데, 이에 따라 자연현상을 과학적으로 연구하려는 학자들이 나타났고 지리학도 발전할 수 있었다.

두 번째는 대항해시대가 열렸기 때문이다. 십자군 원정 이후 유럽 요리에 필수적인 후추 등의 향신료와 보석류의 교역이 이슬람 세력에 의해 막히면서 유럽인들은 아시아로 가는 새로운 해상 무역로를 개척해야만 했다. 이는 동방에 대한 새로운 지리 정보와 지식을 얻을 수 있는 대항해로 이어졌다.

또한 지리학·천문학·조선술의 발달, 나침반의 사용 등으로 원거리 항해가 가능해지면서 사람들은 적극적으로 새로운 항로를 찾아 나서게 되었다. 특히 지중해 무역에서 소외되었던 에스파냐와 포르투갈이 신항로 개척에 앞장섰다. 두 나라는 이슬람과의 경쟁을 통해 강화된 왕권 덕분에 적극적으로 탐험가들을 지원할 수 있었다.

대항해를 통해 유럽인들이 얻은 새로운 정보는 그들의 생각에 커다란 변화를 주었고, 더 많은 새로운 지리적 지식을 쌓게 했다. 바레니우스Bernhardus Varenius, 1622~1650는 서구의 지리학이 근대에 와서 과학적인 학문으로 발달하는 데 기틀이 되었던《일반지리학General Geography》을 썼다. 일반지리학이란 모든 장소에 적용되는 보편적인 법칙 또는 원리에 관한 논의로, 오늘날의 계통지리학Systematic Geography이라 볼 수 있다.

15세기 이후에 세상을 보는 지리적인 시각을 넓힌 인물로 아메리카라는 이름을 만든 아메리고 베스푸치Amerigo Vespucci, 세계 일주에 최초로 성공한 마젤란Fernão de Magalhães, 알래스카를 발견한 베링Vitus Bering, 오늘날의 세계지도를 만든 제임스 쿡James Cook, 라틴아메리카 탐험을 통해 과학적 업적을 이룬 훔볼트Alexander von Humboldt, 동서양을 잇는 제국을 만든 칭기즈칸Činggis Qan, 중국 남해 원정을 이끈 정화鄭和, 아프리카를 돌아 인도로 간

알렉산더 훔볼트

지리학을 체계화한 훔볼트는 '근대 자연지리학의 아버지'라고 불린다.

바스코 다 가마Vasco da Gama, 제국주의의 식민 지배를 시작한 콜럼버스Christopher Columbus, 아스텍 제국을 짓밟은 코르테스Hernán Cortés, 잉카 제국을 무너뜨린 피사로Gonzalo Pizarro, 동방으로의 긴 여행을 책으로 남긴 마르코 폴로Marco Polo, 아프리카 탐험의 개척자 리빙스턴David Livingstone, 북극점에 첫발을 디딘 탐험가 피어리Robert Peary, 남극 탐험의 첫 주자 아문센Roald Amundsen 등이 있다. 마르코 폴로가 아시아 각지를 순방하고 원나라에 대해 기록한 《동방견문록Il libro di Marco Polo detto il Milione》은 유럽인에게 그때까지 잘 몰랐던 아시아에 대해 알게 하는 계기가 되었다.

과학과 함께 발전한 지리학

근대지리학의 성립에 가장 공헌한 초기의 학자로는 독일의 훔볼트, 리터Karl Ritter 그리고 칸트Immanuel Kant를 들 수 있다.

박물학자이며 지리학자인 훔볼트1769~1859는 정확한 측정법을 도입해 지도를 만들었다. 그는 남아메리카 열대 해안에서부터 안데스의 최고봉까지 자연현상을 종합해 한 장의 지도로 만들었고, 근대 지리학의 금자탑인 《코스모스Kosmos》를 썼다. 이 책에서 그는 동식물의 분포와 위도와 경도, 기후 등의 관계를 설명했다. 훔

볼트가 쓴《코스모스》는 20세기 중반까지 대학에서 지리학 교재로 쓰일 정도였다. 지리학을 체계화한 훔볼트는 '근대 자연지리학의 아버지'라고 불린다.

지리학은 독일을 중심으로 18세기 중반부터 19세기 전반 무렵 독자적인 학문적 성격과 위치를 갖게 되었다. 이때부터 지리학이 학문의 하나로 인식되었고, 프랑스와 독일의 대학에서 교과과정으로 도입되었다. 1821년에 프랑스 지리학회, 1830년의 영국 왕립지리학회, 1851년의 미국 지리학회, 1888년의 내셔널지오그래픽 학회가 활동을 시작했다.

근대 지리교육은 19세기 후반 독일에서부터 자리 잡았고 서유럽을 통해 세계 여러 나라로 보급되었다. 그렇다면 그들은 왜 지리를 가르치려고 했을까? 프로이센은 독일을 통일한 뒤 국토 사랑을 통한 민족주의를 내세우기 위해 지리교육을 도입했다. 또 생물학을 통해 자연지리학과 인문지리학 사이의 연결고리를 찾았는데, 다윈의 진화론은 인간을 생물로 보고 인간이 환경에 적응한 결과로 본 것이다.

우리나라의 지리학

근대 이전 우리나라에서는 지리적 정보의 기록인 '지지地誌'와 축척에 관련된 '지도의 편찬'이 매우 중요했다. 지지는 나라에서 펴낸 '관찬지리지'와 민간에서 펴낸 '사찬지리지'가 있다.

관찬지리지인 《고려사지리지》는 조선 초기에 편찬되었고, 1432년에 《신찬팔도지리지》가 완성되었다. 《세종실록지리지》는 조선시대 지리지 편찬의 본보기다. 지리지 편찬사업은 국가통치에 필수적인 자료를 수집할 목적으로 시작되었고, 지역 정보의 종합적 자료집이었다. 1770년에 《동국문헌비고》, 《여지고》가 간행되고, 다시 수정, 보완되어 1908년에 《증보문헌비고》, 《여지고》 27권을 마지막으로 간행했다.

사찬지리지의 발간은 조선시대 후기에 활발했다. 대표적으로는 신숙주의 《해동제국기》, 한백겸의 《동국지리지》, 이중환의 《택리지》, 정약용의 《강역고》 등이 있다. 이중환은 인간과 자연, 지역, 입지에 관한 지리적 개념을 소화해서 우리나라 근대 지리학의 기초를 놓았다. 최한기는 서양의 지지와 지도를 본격적으로 국내에 소개했다. 김정호의 《대동지지》는 총론과 지방지를 포함하는 현대적인 《한국지리지》와 비슷하다.

조선시대의 지도제작 사업은 세종 때 천체관측을 위한 간의와 천문용 시계인 혼천의를 사용하면서 활발해졌다. 1463년에는 양성지와 정척이 '동국지도'를 만들었다. 이 지도는 100만분의 1 내외의 소축척지도이며 조선 전기의 대표적인 지도이다. 조선 후기에는 축척과 방위가 정확하고 자세한 대축척지도인 정상기의 '동국지도'가 도별로 나눈 지도 형식으로 제작되었다. 신경준 1712~1781년은 《산경표》에서 우리나라의 산줄기를 정리했다. 김정호는 1834년에 '청구도', 1861년에 '대동여지도'를 간행했다. '대동여지도'는 약 16만분의 1 대축척지도이며, 정상기가 만든 지도를 기초로 만들었다.

조선시대에는 우리나라의 지도뿐만 아니라 세계지도도 만들었다. 1402년 권근이 발문을 쓰고 김사형·이무·이회가 만든 '혼일강리역대국도지도'는 중국에서 들여온 2종의 세계지도를 기초로, 우리나라와 일본을 보완해 완성했는데 당시로는 동서양을 막론하고 가장 훌륭한 세계지도라는 평가를 받고 있다. 조선 후기에 작성된 세계지도로는 1747년에 작성된 '천해지도', 연대가 확실하지 않은 '여지전도', 김수홍이 1666년에 작성한 목판본 '천하고금대총편람도' 등이 있다.

조일수호조약 1876에서 1910년의 한일합병 때까지 서양의 문물을 직접 받아들이기 시작하면서 근대학교의 교과서를 통해 서양의 지리학이 도입되었다. 《조선지지》 1895와 《소학 만국지지》

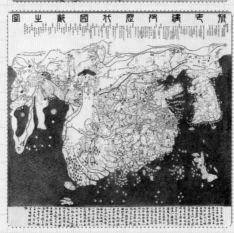

동국지도위와 혼일강리역대국도지도

동국지도는 조선 영조 때 정상기가 제작한 우리나라의
옛 지도로 보물 1538호이다. 혼일강리역대국도지도는
조선 태종 때 제작된 세계지도로 현전하는 동양 최고의
세계지도이다. 규장각한국연구원 소장본

1895, 《중등 만국지지》1902, 《대한지지》, 《중등 만국지지》, 《중등지문학》 등이 출판되었다. 1903년에는 장지연의 《대한강역고》가 발간되었다. 1907년 장지연이 쓴 《대한신지지》는 전통적인 지지를 바탕으로 근대적인 한국지리의 내용 체계를 마련한 책이다.

우리나라에서 지리학이 독립된 학문으로 자리를 잡게 된 것은 광복 이후다. 1945년 9월 11일에 대한지리학회의 전신인 조선지리학회가 창립되었다. 1960년대 이후에는 미국지리학의 추세인 계통지리학이 우리 학계에 영향을 미쳤고 자연지리학보다 인문·사회지리학이 주류를 이루었다. 1963년에는 대한지리학회의 학술지 《지리학》의 창간호가 발간되었다.

1970년대 들어서면서 지리학 인구가 크게 늘었고 제2세대 지리학자들의 활약이 두드러졌다. 2000년대에는 국토·도시·환경뿐만 아니라 정치·경제·사회·문화 등 여러 분야에 걸쳐 학문적 영향력을 넓혀가고 있다. 최근에는 출판, 언론 등의 여러 매체를 통해 지리학의 성과를 대중에게 알리고 있다.

돋보기와 망원경으로 보는 세상, 축척

지리학에서는 축척scale이나 규모로 세상을 바라보면서 특성을 찾아낸다. 인공위성에서 촬영한 영상으로 지구적인 규모에서 공간을 살피기도 하고, 망원경을 가지고 전체를 조망하다가, 돋보기나 현미경으로 좁은 공간을 정밀하게 분석하기도 한다. 즉 축척이나 규모를 다르게 하면서 공간을 분석해 보다 구체적인 사실을 밝혀 나가는 것이다. 예를 들어 유라시아와 같은 거대한 대륙 규모, 동아시아 정도의 지역 규모, 대한민국 정도의 국가 단위 규모, 도시 단위나 산 하나, 특정한 마을이나 작은 습지 하나에 이르는 작은 단위까지 자세히 들여다 보며 공간의 속성을 분석하고 문제에 대한 해결과 대안을 찾는다.

인구가 늘고 산업화 과정을 거치면서 도시가 확장하고 고층화되는 것은 세계적인 추세다. 서울은 1965년 이후 지난 50년간 면적은 2배, 인구는 10배로 늘었다. 행정, 교육, 치안, 경제, 병원, 도로 등 다양한 시설을 배치하는 통치 전략은 서울과 수도권이라는 독특한 메트로폴리스를 만들어 냈다. 서울 송파구에 갑자기 상업지구가 15만 평이나 늘어난 이유는 무엇일까? 등과 같은 질문에 지리학자들은 관심이 크다. 그리고 통치의 전략이 과연 서울 사람들의 삶에 어떤 영향을 주었는지 분석한다.

지도학에서 축척은 실제 거리를 지도에서 어느 정도로 줄였는지 나타내는 축소 비율이다. 어떤 지도의 축척이 1:50,000이라면 실제 거리 50,000cm를 지도상에는 1cm로 줄여 그린 것이다.

좁은 지역을 자세하게 표현한 대축척지도1:5,000, 1:25,000, 1:50,000는 어떤 지역을 답사하거나 자세한 정보가 필요할 때 활용한다. 중축척지도1:100,000, 1:500,000는 대략적인 윤곽을 파악하는 데 도움이 된다. 넓은 지역을 간략하게 그린 소축척지도1:1,000,000, 1:4,000,000는 그 지역의 전체적인 상황, 윤곽, 흐름, 이동 경로 등을 파악하기에 좋다.

축척을 지도에 표현하는 방법은 비례식1:50,000, 분수식1/50,000, 거리눈금자식막대자식이 있다. 온라인 지도에서는 대부분 막대 모양의 자를 이용해 실제 거리를 잴 수 있다.

비례식으로 표현된 축척   분수식으로 표현된 축척   막대자로 표현된 축척

축척을 표현하는 다양한 방법

지리학에서 축척은 지표 위 사물이나 지리적 현상을 관찰하고 분석, 해석, 설명할 수 있는 지리적 범위를 나타낼 때 유용하다. 축척은 나로부터 동네, 지역, 나라, 대륙, 전 세계와 같이 다양한 규모를 가진다. 같은 현상이라도 어느 정도의 축척에서 해석하고 설명하느냐에 따라 다른 해석을 내릴 수 있다.

3

지리학은
무엇을
탐색하고
연구할까
?

지리학의 여러 줄기

지리학은 계통지리학, 지역지리학, 도구 및 방법론으로 나뉜다. 계통지리학Systematic Geography은 지표 공간에 대한 특별한 지역 구분 없이 특정 주제, 즉 지표의 지형, 기후, 인구, 도시, 경제, 정치, 사회·문화 등과 같은 자연이나 사회의 특정 요소를 지리학적 차원에서 분석한다. 계통지리학은 1950년대 이후 실증주의적 법칙을 추구하는 공간과학으로 발달했다.

계통지리학은 자연지리학과 인문지리학으로 이루어졌다. 자연지리학은 지형학, 기후학, 수문학, 생물지리학, 제4기학 등 자연환경을 다루고 인문지리학은 정치지리학, 경제지리학, 도시지리학, 사회지리학, 인구지리학, 역사지리학, 문화지리학 등 인간

지리학			
계통지리학		지역지리학	도구 및 방법론
자연지리학	인문지리학		
지형학	경제지리학	지역연구	지도학
기후학	도시지리학	한국지리	원격탐사
육수학	사회지리학	북한지리	지리정보체계
생물지리학	역사지리학	아시아지역연구	지리조사방법론
토양지리학	인구지리학	북미지역연구	지리학사
제4기학	정치지리학	유럽지역연구	지리철학
환경지리학	관광지리학	오세아니아지역연구	지리교육
경관생태학	문화지리학	아프리카지역연구	계량지리학
기타	기타	기타	기타

지리학의 여러 분야

을 중심으로 세상을 본다. 의료지리학, 환경지리학, 자원보존은 자연지리학과 인문지리학의 공통 관심사다.

지역지리학Regional Geography은 지지학地誌學이라고도 하는데, 특정 지역에 초점을 두고 그것을 둘러싼 자연·인문 현상의 관계를 밝힌다.

계통지리학은 귀납적이며, 지역지리학은 연역적이다. 계통지리와 지역지리는 모두 지리학의 궁극적인 목표라고 볼 수 있다.

지리학에서는 지리적인 관심사를 알아내기 위해서는 다양한 연구방법과 기법을 사용한다. 현지 조사와 답사, 센서스, 설문자뿐 아니라 각종 영상 자료를 이용해 시간과 공간적 특성을 지도나 지리정보시스템을 활용해 다양한 형태로 표현한다.

지도는 지리학을 지리학답게 하는 영원한 도구이자 조언자다. 사람들이 여행이라고 부르는 지리 답사는 생각과 편견을 바꾸어 우리를 새롭게 한다. 지리학은 눈에 보이지 않는 세상을 지도map라는 눈으로 볼 수 있는 도구를 이용해 자연과 인간과의 연결고리를 체계적으로 보여주는 공간과학이다.

우리는 스마트폰의 지도 애플리케이션으로 길을 찾고, 해외여행을 갈 때 시차를 확인하며, 지구온난화로 더워지고 있는 날씨를 걱정한다. 온라인 쇼핑에서 배송 받을 주소를 입력할 때도 지리정보를 활용한다. 지리는 우리의 삶과 뗄 수 없다. 하지만 지형, 기후, 인구, 도시 등 지리의 개념들은 서로 복잡하게 얽혀 있어 이해하는 일이 쉽지 않다.

자연을 알자: 자연지리학

지리학을 배우는 가장 중요한 목표 중 하나인 자연과 인간의 상호작용을 이해하는 기초과목이 자연지리학이다. 21세기 인류의 고민거리인 지진, 기후변화, 물 부족, 생물다양성, 자원, 에너지, 자연재해, 환경오염 등을 해결하기 위해서는 자연지리학의 지식과 기술이 필요하다.

자연지리학Physical Geography은 땅 위의 자연경관과 현상을 지역적인 관점에서 연구해 설명한다. 자연지리학의 목표는 인류의 생활무대인 자연환경을 종합적으로 파악하는 것이다. 자연지리학은 인간과 암석권lithosphere, 대기권atmosphere, 수권hydrosphere, 생물권biosphere 등의 상호작용을 다룬다.

자연환경을 구성하는 요소들 가운데 어떤 사물과 현상을 연구과제로 삼느냐에 따라 지형학, 기후학, 토양지리학, 생물지리학, 육수학, 해양지리학 등으로 나누어진다. 자연지리학 연구 결과들을 분석하면 어떤 지역의 자연지리적 특성을 파악하고 지역 주민들의 삶을 개선할 수 있는 새로운 정보를 얻을 수 있다.

지형학Geomorphology은 지구의 지형적 특성을 기재하고 분류하는 학문으로 인간 생활과 밀접한 관계를 맺고 있는 소규모 지형에 관심이 많다. 국내에서는 하천, 해안, 산지, 평야 및 완경사, 빙하, 카르스트, 습지, 풍화, 응용지형 등을 연구한다. 지형학은 지형의 기원을 밝히는 데 집중하며, 지표면을 형성하고 변화시키는 힘에 초점을 맞춘다.

토양지리학Soil Geography은 토양의 형성과 분포에 관심이 많다. 어느 지역의 지역성을 파악할 때 지형과 토양 등에 대한 이해는 중요하다.

기후학Climatology은 기후의 차이, 특성, 발생원인, 변화와 인류

생활에 미치는 영향 등을 연구하며 기후변화가 주된 관심사이다. 각 지역에서 발생하는 적어도 30년 이상의 기상 자료에 기초한 대기의 특성을 다룬다.

육수학Hydrology은 하천과 호수 등 땅 위의 물 분포와 변화에 관심이 많다.

생물지리학Biogeography은 동식물의 지리적 분포와 다양성, 지역성을 탐구한다.

환경지리학Environmental Geography은 자연환경과 인간의 상호관계를 시·공간적인 관점에서 다루는 분야다.

제4기학Quaternary Science은 260여만 년부터 현재에 이르기까지 지구환경변화가 자연환경과 인간 생활에 미친 영향을 연구한다.

사람과 사회를 알자: 인문지리학

인문지리학Human Geography은 지역의 다양성을 이해하고, 그 지역에 사는 사람과의 관계를 알고자 한다. 사람 – 지역땅 – 사회·공간 관계의 세 축은 인문지리학의 핵심 개념이다. 인문지리학은 땅 위에서 발생하는 정치, 경제, 사회, 문화, 역사 등과 입지의 관계를 시·공간적으로 분석, 해석하고 설명하는 데 초점을 둔다.

그래서 인간 생활과 관련된 인구, 이주, 민속 문화와 대중문화, 언어, 종교, 민족, 정치지리, 개발, 농업, 산업, 거주 공간과 서비스 활동, 도시 패턴, 자원 문제 등 다양한 주제들을 폭넓게 다룬다.

'인문지리학의 아버지'라고 부르는 독일의 리터Carl Ritter, 1779~1859에 따르면 지리학의 목표는 객관적 자료와 정보를 통해 지역의 특성을 비교하고 이를 토대로 원리와 규칙성을 찾는 것이다. 이러한 리터의 지리학은 나중에 지역지리학과 인문지리학의 발달에 기여했다.

인문지리학은 인문 현상 가운데 어떤 것을 연구과제로 삼느냐에 따라 인구지리학, 도시지리학, 농촌지리학, 경제지리학농업지리학, 공업지리학, 상업지리학, 서비스 경제지리학, 정보통신지리학, 교통지리학 등 문화지리학, 사회지리학, 정치지리학, 역사지리학 등으로 나뉜다.

정치지리학Political Geography은 영토, 경계, 행정구역, 선거 등 특정 장소의 사람들이 정치적인 모임을 어떻게 형성했고, 이들이 어떤 영향을 주고받는지 연구한다.

경제지리학Economic Geography은 경제적 활동의 위치, 분포, 공간적 조직을 탐구한다. 경제와 지리는 서로 떼려야 뗄 수 없는 밀접한 관계를 이루고 있다. 경제지리학은 산업의 입지, 집적의 경제, 교통, 자원, 환경, 지역경제, 국제무역, 개발, 부동산, 젠트리피케이션, 민족경제학, 젠더경제학, 주변부 이론, 도시경제학, 환경과 경제 간의 관계, 세계화 등 경제를 움직이는 여러 가지 지리적 요인들을 탐색한다.

교통지리학Transportation Geography에서 다루는 교통은 지역을 만들기도 하고 바꾸기도 하는, 지역의 기둥과도 같다. 철도가 놓이면 국가의 틀이 바뀌고 도시철도역이 들어서면서 시가지가 놀랍게 달라진다. 교통 시설과 흐름은 지역의 사정에 영향을 주기 때문에 교통을 통해서 지역의 모습과 움직임을 들여다볼 수 있다. 공항과 운항노선에서는 공중의 세상이, 사람과 화물의 이동에서는 땅의 세상이 꾸려져 나가는 모습을 알아낸다.

도시지리학Urban Geography은 도시의 역사적 발전과정, 공간적 구조, 도시를 둘러싸고 있는 지역과의 상호관계를 연구한다. 도시지리학에서는 도시의 체계, 구조, 사회, 경제, 문화, 정치, 계획, 정책, 젠더 등으로 지평을 넓혀왔다. 최근에는 4차 산업혁명 시대의 도시재생, 젠트리피케이션, 뉴어바니즘, 압축도시, 스마트 성장과 축소, 신자유주의 도시, 포스트모던 도시, 도시 기업가주의, 도시 거버넌스, 국제이주와 초국적 도시성, 도시와 젠더 등을 다룬다.

인구지리학Population Geography에서는 인구구조, 출산력과 사망력, 인구의 지역적·국제적 분포와 이동, 인구변동과 인구이동권, 다문화 가정, 귀촌·귀농 현상, 저출산과 고령화, 인구정책 등이 장소와 어떤 관련이 있는지를 다루고 대안을 찾는다.

사회지리학Social Geography은 사회 현상과 그 현상의 공간적인 요소의 관계를 다룬다. 전통적으로 사회지리학은 공간적 문제뿐만 아니라 빈곤, 주택과 거주지, 인구, 범죄, 사회정책 등 사회문제에 집중했다. 근래에는 신체, 집, 공동체, 제도, 거리, 도시, 농촌, 민족 등 공간과 사회를 둘러싼 갈등과 혼란으로 영역을 넓히고 있다.

문화지리학Cultural Geography은 문화의 분포와 공간적 차이, 경관, 이들의 다양성과 공간에 대한 연관성을 탐구한다. 최근에는 재현, 위치성, 공간·장소, 여행·관광, 도덕지리, 정체성, 신체, 젠더, 거버넌스, 시민권, 혼성성, 디아스포라, 자연·문화 그리고 사이보그 문화 등의 경계와 분야를 넘나든다.

역사지리학Historical Geography은 한민족의 기원과 형성과정, 영토와 행정 구역, 전통적 자연관, 고지도, 지리지, 인구 현상의 시간적 변화, 농업과 농업 공간의 변천 과정, 촌락의 형성과정과 발달, 도시의 입지와 구조의 변천 등이 관심이 많다.

종교지리학Religion Geography은 종교적 신념에 지리가 어떤 영향을 미치는지 다룬다.

관광지리학Tourism Geography은 여행과 관광을 산업이나 사회적, 문화적 활동으로 보는 학문이다. 행동주의 지리학은 인간의 행동을 독립적으로 보는 시각으로, 인간과 장소를 연계해 보는 시각과 대비된다. 여성주의 지리학은 여성주의를 환경, 사회, 지리적 공간에 접목시킨 학문이다. 이 밖에도 지역개발은 지역문제, 발전, 개발정책 등을 다룬다. 이처럼 인문지리학은 사람들이 만들어내는 사물과 현상에 관심이 많다.

지리학이 가는 길과 종점: 지역지리학

여행하다 보는 풍경이 지역마다 다른 이유는 그곳에 사는 사람들이 오랫동안 만들어 낸 삶의 흔적이기 때문이다. 지리학은 그 공간이 만들어진 궤적을 찾아가는 길이고 공간에 따라 다른 사물이나 현상이 생기는 것에 대한 궁금증에서 출발한다. 우선 알고자 하는 문제에 대한 가설을 세우고 이를 확인하기 위한 관찰을 시작하고 자료를 수집한다. 모아진 자료는 여러 단계의 처리 과정을 거쳐 분석해 결론을 이끌어 새로운 사실과 법칙성을 알아내고 앞날을 예측할 수 있다.

땅 위에 관심이 있는 사물이나 현상의 분포와 다양성을 지리적으로 접근할 때는 먼저 불균등하게 분포하는 탐구 대상을 선택해, 대상의 지역적 분포와 다양성을 설명할 수 있는 가설을 세

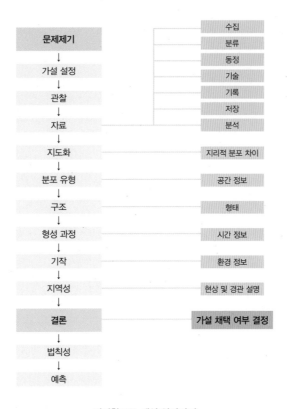

문제제기		수집
↓		분류
가설 설정		동정
↓		기술
관찰		기록
↓		저장
자료		분석
↓		
지도화	—	지리적 분포 차이
↓		
분포 유형	—	공간 정보
↓		
구조	—	형태
↓		
형성 과정	—	시간 정보
↓		
기작	—	환경 정보
↓		
지역성	—	현상 및 경관 설명
↓		
결론	—	가설 채택 여부 결정
↓		
법칙성		
↓		
예측		

지리학으로 세상 알아가기

운 뒤 관찰을 시작한다.

관심 주제와 관련된 자료와 정보를 수집해 목적에 따라 분류하고 자료 품질을 평가한 뒤 확인된 내용을 기술한다. 이어서 조사한 내용을 공간상에 표현할 수 있도록 정리해 기록한 뒤 저장하고 분석한다. 이를 바탕으로 관심 있는 대상이 되는 사물과 현상 그리고 경관을 지도 위에 그려 분포도를 만든다. 그런 다음 관심 대상의 지리적 분포와 다양성 차이를 바탕으로 분포 유형을 알아내고 여러 축척에서의 공간적 정보를 얻는다.

아울러 분포하는 대상의 구조, 기능, 형태를 분석해 그 안의 질서를 알아낸다. 이어 지질시대부터 역사시대를 거쳐 오늘에 이르는 동안의 시계열적 형성과정과 관련된 동태dynamic를 복원한다.

이어서 사물과 현상의 분포에 영향을 미치는 지형, 기후, 토양, 물, 생물 등 자연환경과 정치, 경제, 사회, 문화, 역사 등 인문사회환경과의 관계를 밝히고 분석해 환경과의 관계를 확인한다. 이러한 과정을 거치면 그 지역이 갖는 고유한 특성인 지역성을 알 수 있다. 지역성은 그 지역을 다른 지역과 구분해 차별화하고 특성화한다. 이런 과정을 통해 지리학은 지역의 현안을 해결하고 지역사회의 발전에 도움을 준다.

사람들은 눈에 보이는 것으로 그 장소place를 판단하지만 때로는 보이지 않는 것이 보이는 것보다 중요한 실체를 담고 있을 때도 있다. 오늘 지나쳤던 장소가 언제까지나 그대로일 것으로 생각하지만 시간이 지나면 장소도 바뀐다. 지리학은 미래에 사라질지도 모를 우리 주위의 장소를 둘러보고 그 지역이 담고 있는 시간과 고유한 특징인 지역성을 찾는다.

지역region은 지리적인 면에서 다른 곳과 구별되는 지표상의 공간적 범위다. 지역은 다양한 자연환경과 인문환경으로 이루어지며 그곳만의 지역성을 띤다. 각각의 지역은 인접한 다른 지역과 상호작용을 하는데 두 지역의 경계 부근에서는 지역성이 공통으로 나타나기도 한다. 지역은 기후나 지형적 특징, 행정단위, 공업이나 산업 등 경제적 특징, 인종적·문화적·언어적 특징, 국제정치관계 등을 기준으로 나눈다. 지역은 행정구역의 경계처럼 뚜렷한 선으로 나뉘기도 하지만, 그 경계가 불분명하거나 두 지역의 특성이 뒤섞여 있기도 한다.

지역지리학Regional Geography은 고대 그리스 로마시대부터 근대적 학문체계의 성립에 이르기까지 지리학의 가장 중요한 분야 가운데 하나다. 지역지리학에서는 지역이 갖는 독특한 특성인 지역성을 찾고, 지역의 이미지에 의미나 가치를 밝히려 했다. 그러나 기후나 인구, 산업 등 여러 요소를 종합해 지역성이나 지역이 갖는 이미지를 설명하기는 쉽지 않다.

지리학에서 지도와 통계분석 등 여러 도구와 방법론을 이용해 자연지리학과 인문지리학을 분석하는 것은 지역의 특성인 지역성을 알아내고, 이를 기초로 지역의 현안을 해결하고 대안을 제시하기 위한 과정이다.

지역지리학은 환경결정론이 쇠퇴한 시기부터 1940년대 말까지 지리학의 기본 패러다임으로 자리 잡았다. 하지만 제2차 세계대전 이후 지역지리학에 대한 비판이 나타나면서 새로운 지리학에 자리를 내주었다. 지역의 독특한 성격을 찾기보다는 계량적인 분석을 통해 실증적인 이론과 법칙을 찾는 방향이었다.

어떤 지역의 지역성을 찾아 이를 국가 운영에 활용하려는 시도가 우리나라에도 있었다. 조선시대에 만들어진《세종실록지리지》,《신증동국여지승람》,《여지도서》,《대동지지》등 고문헌은 당시의 지역적 특성을 알 수 있는 뛰어난 자료다. 지리지에 기록된 지역의 자연, 사회, 경제, 문화 등 각종 정보를 체계적이고 종합적으로 분석하면 15세기부터 19세기에 이르는 시대별 지역성을 알 수 있다.

지역지리학적 측면에서 우리나라를 체계적으로 분석한 문헌 가운데 대표적인 것이 일제강점기의 한반도 모습을 기록한 독일인 라우텐자흐Hermann Lautensach의《코레아》이다. 1933년 일제강점기에 한반도를 답사하면서 수집한 자료에 기초해 우리나라의 지리적 역사적 배경, 자연과 문화 그리고 인문지리적 특성을 소개하고, 지리적 특성에 기초해 지역을 구분했고, 당시의 한국과 일본의 관계를 다루었다.

지역지리학은 우리나라 각 지역의 특성을 밝히고 이를 지역의 발전에 활용하는 데도 앞장섰다. 1970년대 말부터 1986년까지 발행된《한국지지》5권은 광복 이후 우리 손으로 펴낸 최초의 한

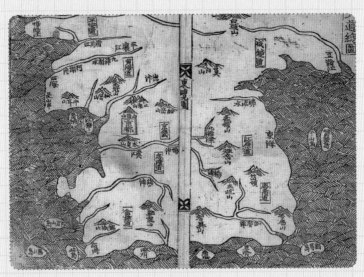

세종실록지리지

조선 문종 때 편찬된 세종실록지리에는
각 도의 연혁과 특산물 등이 상세히 기록되어 있다.

국지리 총서였다. 2000년대^{2003~2008년}에는 두 번째《한국지리지》
6권이 발간되었고 2010년대에는 세 번째《한국지리지 총서》가
발간되었다. 이와 함께 1982년 지명에 대한 연구서인《한국지명
요람》과《지명유래집》등도 발간되었다.

《대한민국 국가지도집》과《독도지리지》는 국내외로 갈등을 겪
고 있는 영토와 지명 문제에 적극적으로 대응하고 대한민국의
현황과 발전상을 알리기는 위한 지리학자들의 성과물이다. 이 외
에도 고산자 김정호 연구, 백두대간 연구, 산줄기 연구, 신행정수
도 이전 연구, 혁신도시, 통일시대 접경지대 연구, 시각장애인을
위한 점자지도 연구 등 국가적 관심사를 다루는 데 지리학자들
이 참여했다.

지도의 발전

인류는 자신이 사는 곳의 특징이나 꼭 기억해야 할 지리적 내용을 바위나 동굴 속에 그렸다. 이것이 시간이 지나면서 지도로 발전했을 것이다.

메소포타미아 점토판 지도는 작은 구역을 자세하게 표시했으며, 관개 시설의 위치, 농경지의 규모, 소유권 등도 표시했다. 이것은 일종의 토지권 리증서로서 사냥이나 채집 생활을 벗어난 새로운 인간 사회에 필요한 기록물이었다.

중세 후반 십자군 원정 이후 지중해를 중심으로 상업과 해상 활동이 활발해졌고, 중국의 나침반이 발명되고 항해술과 조선술이 발달하면서 지도는 인간 활동에 중요한 도구가 되었다. 대항해시대에는 지도를 이용한 탐험이 활발해졌고 1538년 메르카토르 도법으로 항해용 세계지도를 만들어지면서 지도는 여러 형태로 발전했다.

1740년대에 삼각측량으로 제작한 축척 1:86,400의 프랑스의 대축척지도는 최초의 과학적인 근대지도인데, 각종 기호를 사용하는 등 표현 방법에서 오늘날 사용하는 지도의 원형으로 보고 있다. 19세기 후반부터는 오늘날에도 볼 수 있는 등고선을 이용한 지도가 개발되어 지표를 이해하는 도구로 널리 쓰이고 있다.

지도는 각 시대의 사회·문화적 요소들이 반영되어 있으며, 당시 사람

지도는 각 시대의 사회·문화적 요소가 반영되어 있다.

들의 가치관과 정신까지 담긴 상징물이기도 하다. 요즘에는 종이로 만들어진 지도보다 인공위성에서 확보한 GPS Global Positioning System를 이용해 공중에서 지상을 관측하고 위치와 다양한 정보를 알려주는 위성영상지도와 디지털 지도가 널리 보급되었다. 이에 따라 서로 다른 여러 공간정보와 속성정보를 중첩해 사용하는 지리정보시스템 GIS Geographic Information System도 인기다. 종이지도에서 디지털지도로, 공중에서 땅속의 시설물 지도로, 지도의 활용은 점점 넓어졌고 지도의 진화는 계속되고 있다.

지도는 우리가 알지 못하는 세계에 대한 모든 정보를 얻기 위해 온갖 상상력을 동원해 그리고 읽는 것이다. 지도는 단순한 길잡이가 아니며, 본질적으로 미래적이다. 그런 의미에서 지도 분석가는 항상 부족한 정보와 부정확한 데이터 그리고 자신의 제한된 상상력과 싸우는 직업이다.

세계적인 GIS 전문기업 ESRI의 창업자 겸 회장인 데인저먼드Jack Dangermond는 이렇게 말했다. "컴퓨터 지도의 응용은 오직 이를 사용하는 사람의 상상력에 따라 한계가 좌우된다." 머릿속에 그려진 지도의 크기와 깊이에 따라 상상력의 공간도 넓어지고 깊어진다는 의미다.

지도학Cartography은 각종 기호와 문자를 이용해 세상을 간단하고 알기 쉽게 정리하는 지도를 연구한다. GIS는 지도를 제작하는 것에서 벗어나 다양한 지리정보를 수치화해 컴퓨터에 입력·정보·처리하고, 이를 사용자의 요구에 따라 다양한 방법으로 분석·종합해 제공한다. 과거 인쇄물로 이용하던 지도와 지리정보를 기초로 데이터를 수집, 분석, 가공해 지형과 관련되는 모든 분야에 적용하기 위해 설계된 종합정보시스템이다. GIS는 지도학, 원격탐사Remote Sensing, GPS 등 공간분석과 연관된 다양한 분야를 포함하며, 공간 관련 빅데이터를 활용해 정책 결정의 일관성을 유지하고 합리적인 의사결정을 돕는다.

2000년대 이후에는 GIS와 정보통신기술의 통합으로 새로운 다매체 융합 지도로 진화되었다. 인터넷 포털에서 웹 지도가 제공되고, 자동차 내비게이션에서는 전자지도가 이용된다. 지리 정보가 평면에서 입체지도로 진화하면서 다양한 종류의 지도 표현도 가능해졌다.

오늘날 지리적 관심사를 효과적으로 알리는 지리 매체로는 실물, 모형, 사진, 기타 사진매체, 통계매체, 그래픽, 지도, 영화, 연합매체 등 다양한 자료들이 활용된다. 지리학에서 사진은 주로 경관의 이미지를 전달하는 매체로서 유용하게 활용되었다. 사진을 통해 경관의 위치와 형성과정, 특징 등을 확인하고 인간과 환경 간의 관계까지도 알아낼 수 있기 때문이다.

지금은 지상에서 촬영한 사진을 이용해 지리적 경관을 설명하고, 발달된 IT기술로 포털이나 지도 사이트에서 가변 축척의 항공사진까지 자유롭게 이용할 수 있는 세상이 되었다. 항공사진을 이용해 자연경관과 인문경관 등 공간을 지리적으로 해설할 수 있게 되었고, 드론을 이용해 지형경관을 해석하는 시도까지 진행 중이다. 이처럼 지리학을 제대로 이해하려면 지도가 필수다.

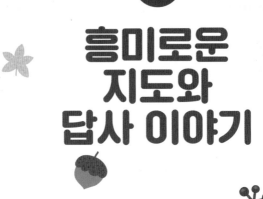

4

흥미로운
지도와
답사 이야기

공간과 장소에 대한 그림, 지도

예로부터 사람들은 자기가 사는 곳과 주변의 정보를 나타내기 위해 지도를 만들어 왔다. 한발 더 나아가 이웃과 교역하거나 정복하기 위해 또 세상을 표현하기 위해 새로운 지도를 만들었다. 지금까지 남아 있는 가장 오래된 세계지도는 바빌로니아 시대의 것으로 점토판에 그려졌다.

지도는 하늘에서 내려다본 세상 모습이다. 점토판에서 시작해 종이를 거쳐 오늘날에는 디지털로 널리 사용된다. 지도는 우리 곁에서 끊임없이 진화해 왔으며 지리학에서 가장 중요한 도구다.

지도 위에는 여러 가지 약속된 방위, 기호, 범례, 축척, 좌표 등이 표시되어 있어 수리적, 지리적, 관계적 위치를 알 수 있도록

바빌로니아의 세계지도

세계에서 가장 오래된 지도로 점토판에 그려졌다.

해준다. 지도를 읽을 때는 사용된 기호와 범례를 알아야 보다 많은 정보를 파악할 수 있다. 지도의 기호는 사물의 모습을 본떠 만든다.

지도에서 방위는 동서남북이 어느 쪽인가를 알려주는 기본적인 틀이다. 축척은 실제 거리를 얼마나 줄여서 그린 것인지를 나타낸다. 1:25,000이나 1:50,000처럼 비례식이나 분수식으로 표기하거나, 축척 막대의 길이로 실제 거리를 나타내기도 한다.

지도에서 땅의 높낮이는 같은 높이의 지점들을 이어서 선으로 표시한 등고선이나 색깔을 이용해 나타낸다. 등고선의 굽은 모양으로 계곡과 능선을 구분할 수 있다. 지도에서 등고선이 아래쪽으로 향하면 능선이고 위쪽으로 향하면 계곡이다. 등고선 사이의 간격은 경사 정도를 나타낸다. 간격이 넓으면 완만한 곳이고 간격이 좁으면 가파른 곳이다. 따라서 지도에 표기된 등고선의 전체 모양으로 지형과 땅에 대한 여러 정보를 알 수 있다.

좌표는 직선, 평면, 공간에서 점의 위치를 나타내기 위해 사용되는 값이다. 보통 2차원의 평면에서는 원점에서 만나는 X축_{가로}과 Y축_{세로}을 사용해서 점의 위치를 x, y로 나타낸다. 위도와 경도에는 일정한 원리가 있다. 자신이 서 있는 지점을 지도에 나타낼 때는 위도를 나타내는 위선과 경도를 나타내는 경선이 만나는 지점을 좌표로 표시해 2차원의 지도에 위치를 표시한다.

위도는 적도를 기준으로 북쪽 또는 남쪽으로 떨어져 있는 정도를 말하는데, 적도는 0°이고 남극ˢ과 북극ᴺ을 각각 90°로 해 나눈다. 경도는 영국의 그리니치천문대를 지나는 본초자오선을 기준으로 동쪽과 서쪽으로 각각 180°씩 나누어 동경 180°까지와 서경 180°까지의 범위를 가진다. 지구에서 특정한 곳의 위도와 경도 위치를 찾아 지리 좌표로 나타내면 정확히 찾아낼 수 있다.

그러나 장소를 나타내는 수리적 위치보다 그 땅이 대륙의 서쪽에 있는지, 동쪽에 있는지, 산으로 둘러싸여 있는지, 바다로 둘러싸여 있는지와 같은 지리적 위치도 지역의 특성을 아는 데 중요하다. 한반도처럼 러시아, 중국, 일본 등 인접한 나라들과의 사이를 알려주는 관계적 위치는 지역성을 알 수 있게 한다.

지도는 공간과 장소에 관한 정보를 시각적으로 표현한 그림이자 언어와 문화를 뛰어넘어 가장 보편적인 의사소통 수단 가운데 하나다. 지도는 인간이 이해하고 있는 지리와 공간에 관한 시각적 해석이다. 공간에 관한 정보를 표현함으로써 공간적 물체, 지역, 주제들 사이의 관계를 알 수 있다. 여기에는 지리적 사물뿐만 아니라 사람의 두뇌, DNA, 우주에 관한 것도 포함한다. 지도를 이용하는 한 지리학은 생명력이 이어지고 활용 가치는 넓어질 것이다.

지도가 품고 있는 진실

구글Google의 정보 검색 가운데 3분의 1이 장소와 관련된 검색이다. 이처럼 구글은 지도 역할을 톡톡히 하고 있다. 구글이 운영하는 지도 사이트인 구글 맵Google map과 같은 전자지도는 이미 우리의 일상에 깊숙이 침투해 우리가 공간을 인식하고 경험하는 방식을 근본적으로 바꾸고 있다.

지도에는 장소를 나타내는 지명이 가득하다. 지명은 사람들이 주변의 지표, 마을, 지형, 하천 등에 붙이는 고유한 이름으로 장소의 이미지를 반영하며, 문화적 의미를 지닌다. 지명은 사람이 인식하는 공간 형태를 나타내기도 하고, 정치적 변화를 나타내기도 한다. 땅이름은 민속이나 인구이동, 언어의 확산과 음운 변화, 지표를 점유한 인간의 환경에 대한 지각과 변경, 환경에 대한 인간의 가치 평가와 관념 등 다양한 문화를 반영하는 일종의 문화유산이다. 지명은 지리학이 추구해 온 지역성을 이해하는 데 큰 도움이 된다.

지명을 연구하는 지리학자는 지명의 기원과 분포, 지명에 포함된 자연환경과 지명의 변천, 지명의 위치 비교와 함께 지명의 지역적 특색, 생활방식 등을 다룬다. 지명 연구가 중요한 까닭은 지명이 시간의 흐름에 따라 바뀌거나 확대, 축소, 생성, 소멸하는 유기체와 같은 존재로 지역성과 공간적 속성을 지니기 때문이다.

오늘날 전 세계에는 80억 명에 이르는 사람들이 살고 있는데, 그 삶은 어떤 면에서는 아주 비슷하고 어떤 면에서는 아주 다르다. 그러나 우리는 전 세계 사람들이 나와 비슷한 삶을 살고 있을 거라고 착각하기도 한다. 지도와 함께 디자인 요소를 활용해 숫자로 정리된 정보를 시각적인 이미지로 전달하는 인포그래픽 Infographics 으로 사회를 보면 세계 문화 지리를 쉽게 이해할 수 있다. 서로의 삶이 얼마나 같고 다른지를 견주어 보면 자연스럽게 서로의 다름을 인정하고 존중하게 된다. 이처럼 세상의 모든 정보를 지도라는 공간 위에 어떻게 표현하고 활용하느냐에 따라 사람과 공간의 미래가 달라질 수 있다.

지도가 품고 있는 거짓말

지구상 모든 문화권에서는 각자 지도를 제작하면서, "우리가 만드는 지도는 사실적이고, 진실하고, 객관적이며, 투명하다"라고 믿어 왔다. 그러나 모든 지도는 주관적이다. 그것은 스마트폰의 앱일지라도 마찬가지다. 이 세상에 완벽한 지도는 없다. 지도란 특정 시기의 사람들이 이해하고 있는 세상의 모습 또는 세계

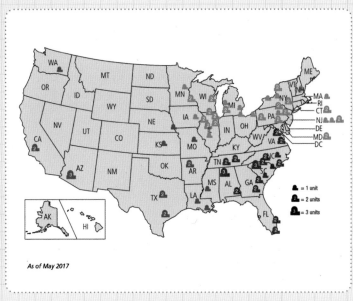

인포그래픽 지도로 그린 미국의 원자력발전소

디자인 요소를 활용해 숫자로 정리된 정보를 시각적인 이미지로 전달하는
인포그래픽으로 사회를 보면 세계 문화 지리를 쉽게 이해할 수 있다.

관을 일정한 공간에 나타낸 것에 불과하기 때문이다.

지금 우리가 세계지도로 많이 사용하고 있는 지도는 1569년 창안된 메르카토르 도법Mercator projection으로 그린 지도이다. 그런데 메르카토르 도법은 극지방으로 갈수록 면적이 심하게 확대되는 단점이 있다. 적도 부근은 거의 정확하게 나타낼 수 있지만 고위도 지방으로 갈수록 간격이 실제보다 크게 왜곡되어 나타난다. 그래서 그린란드220만km²가 오스트레일리아769만km² 대륙보다 더 크게 그려져 있다. 메르카토르 도법으로 만든 지도에는 미국을 포함한 북아메리카, 유럽 등은 크게 표현되는 반면 제3세계라고 불리는 중남미, 아프리카, 동남아시아 등은 작아 보인다. 실제 면적으로 따져본 국토 크기는 러시아, 캐나다, 중국, 미국, 브라질, 호주, 인도, 아르헨티나 순이지만 메르카토르 도법으로 제작된 지도에는 미국, 러시아, 유럽 등은 실제보다 커 보이고 남미, 아프리카, 동남아시아 등은 상대적으로 작게 표현된다. 그럼에도 메르카토르 도법으로 그린 지도가 사용되는 이유는 지도 위의 모든 직선이 항상 정확한 방위를 표시하므로 항해자가 직선 항로를 잡을 수 있어 편리하기 때문이다. 그러나 적도에서 멀리 떨어진 지역일수록 축척이 왜곡되므로, 세계지도로서의 실용성은 낮다.

이처럼 지도를 읽으면 위치 정보뿐만 아니라 지리와 역사의

메르카토르 도법으로 그린 세계지도
미국을 포함한 북아메리카, 유럽 등은 크게 표현되는 반면
제3세계라고 불리는 중남미, 아프리카, 동남아시아 등은 작아 보인다.

상관관계, 지역 분쟁의 불씨인 영토와 민족 문제, 강대국에 농락 당한 약소국의 속사정도 찾아볼 수 있다. 세계지도를 통해 지리 적 지식뿐만 아니라 지정학을 통해 국제 정세를 읽을 수 있는 시 각을 키울 수 있는 것이다. 세계지도는 우리가 사는 세상과 연결 된 다른 세상을 이해하는 실마리와 상식을 제공한다. 세계지도를 읽을수록 세계는 더욱 넓어지고, 편견에서 벗어나 세상을 마주 볼 수 있다.

지도는 사람들을 속이는 거짓말을 할 수도 있고, 가야 할 길을 정확히 안내하기도 한다. 지도는 과거의 갈피 속으로 사라진 역 사를 읽어 내는 망원경의 역할도 하며 지금 우리가 사는 지구 곳 곳의 새로움을 탐구하는 현미경이 되기도 한다. 모든 시대는 그 시대에 쓸모 있는 지도만을 사용하고 기억한다.

국제정세를 해석하는 중요한 개념, 지정학

지리는 자연과 인간을 통합적으로 읽는 눈을 키워주므로 예로 부터 통치자가 익혀야 할 기초 소양이자 지성인이 갖추어야 할 필수 교양이었다. 과거의 세계지리는 정복과 전쟁을 통해 성장한 학문이었다. 강력한 제국주의를 꿈꾸던 서구 열강이 세계를 지배하고자 하는 욕망에서 시작된 학문이기 때문이다. 그래서 지리학에는 서양 중심, 강대국 중심, 개발 중심의 시각이 아직도 남아 있다. 우리는 세계지리라는 학문을 서양의 시각과 강자의 시각으로 바라보는 일이 많았다.

예를 들면 이슬람 세계의 이해 부족이다. 서양 중심의 세계지리는 이슬람 세계를 부정적인 시선으로 보게 만든다. '이슬람'이라면 흔히 사막과 낙타, 석유, IS나 알카에다 같은 테러 조직, 일부다처제 등을 떠올린다. 중세시대 찬란한 문명을 누렸던 이슬람 문명을 정치와 종교적 갈등의 진원지로만 알고 있는 것이다. 하지만 이슬람 문화권은 16억 명의 인구를 거느리고, 아프리카에서 중앙아시아를 거쳐 동남아시아에 이를 정도로 넓은 영토에 57개 나라가 속해 있으며 지구촌의 4분의 1을 차지하는, 우리에게 중요한 시장이며 관심 지역이다.

지리학은 우리와 다른 가치와 다른 생각 그리고 다른 삶을 가진 사람들을 편견 없이 있는 그대로 바라봄으로써 글로벌 문화에 다가갈 수 있도록 돕는다. 어느 곳에서 지금 무슨 일이 일어나고 있는가? 왜 세계에는 총소리가 끊이지 않는가? 불신과 증오를 멈추고, 평화를 이루기 위해 무엇을 해야 하는가? 등의 질문을 던지며 세계의 분쟁이 남의 일이 아니라 우리의 일임을, 세계가 하나의 운명으로 연결되어 있음을 깨닫게 한다. '그들'이 왜 싸우

는지 관심을 가지고 이해하고자 노력할 때, 평화의 희망을 꽃피우는 첫걸음이 될 수 있다.

지리를 바르게 가르치려는 사람들은 서구 유럽의 시각으로 바라본 아메리카 대륙이 아닌 아메리카 그 자체로서의 과거와 현재와 미래를 보고 보여주려 애쓴다. 북아메리카 원주민을 인디언이 아닌 '북아메리카 원주민 Native American'이라 부르고, '라틴아메리카'를 '중남아메리카' 또는 '중남미'로 부르며, 왕의 제국이라는 뜻의 '잉카 제국' 대신 원주민을 따라 '타완틴수요 Tawantinsuyo'로 부르는 것이 현지인을 존중하는 세계지리관이다. 침략자의 시각에서 붙여진 지역 명칭 대신 자연지리적인 구분 방법을 따르는 것이다.

강대국 사이의 패권 싸움은 아주 오래전부터 있었고, 역사적으로 끊임없이 되풀이되었다. 강대국들의 패권 싸움은 자국 내 부족한 식량, 금이나 은 등 값비싼 광물의 약탈과 노동력의 보충 등을 이유로 시작되었다. 점차 경제와 산업 발전에 따라 필요해진 에너지 자원에 대한 쟁탈전과 자국의 안보를 지켜내기 위한 전략적 요충지를 먼저 차지하고, 군사적·경제적 영향력을 지키기 위한 주도권 싸움으로 이어졌다. 이러한 유럽 열강들의 식민지 확대와 패권을 유지하려는 탐험과 정복에 지리학과 지도가 활용된 것 또한 사실이다.

세계를 잘 이해하려면 어떻게 해야 할까? 갖가지 정보를 많이 안다고 세계를 잘 이해하는 걸까? 세계가 어떻게 돌아가는지 꿰뚫을 수 있는 핵심적인 지식 정보는 뭘까? 이 질문에 대한 대답은 지정학Geopolitics, 地政學이 할 수 있다. 지정학은 지리적 환경이 국제 정치에 미치는 영향을 연구한다. 인류에게 숙명적으로 주어지는 첫 번째 조건인 지정학은 국제 정세를 해석하는 데 가장 중요한 개념이며, 핵심은 위치와 공간이다. 국제 관계를 움직이는 모든 사건은 위치와 공간에 의해 정해지므로 지정학적인 관점에서 보아야 사건의 본질을 이해할 수 있다.

지정학이란 다른 말로 하면 '세계에서 일어난 전쟁의 역사를 아는 것'이다. 지구상 어떤 위치에 자리해 어떤 지리적 위기에 노출되거나, 혹은 어떤 지리적 이점을 누리면서 발전해 왔는지를 아는 것은 지리학과 밀접한 관계가 있다. 더 좋은, 더 넓은 영토를 둘러싼 전쟁의 역사가 바로 지정학이다.

세계의 지도자들이 어떤 선택을 했고, 그 선택이 어떤 역사를 만들어 왔는지, 또 지금 21세기에 어떤 영향을 끼치고 있는지 살펴보려면 지리 알아야 한다. 지리는 우리 개인의 삶에도, 세계의 정치와 경제에도 큰 영향을 끼치고 있기 때문이다. 세계지리에 대한 통찰력이 생기면 경제 전쟁, 세계의 분열, 빈부 격차, 영유권 분쟁 등을 이해하고 대처할 수 있는 지혜도 가질 수 있다.

다양한 삶을 이해하게 되는 세계지리

세계지리는 세상 사람들이 어디에서 어떻게 사는지, 나와 그들이 어떻게 다르고, 그들과 더불어 살기 위해서는 어떻게 해야 하는지를 배우는 학문이다. 여행이 새로운 공간을 경험하는 일이라면 지리야말로 새로운 자연과 타인의 삶의 공간으로 떠나는 진정한 세계여행이다. 그만큼 흥미진진하고 한 걸음씩 나아갈수록 새롭다. 글로벌 시대에 세계지리에 대한 이해는 기본이자 필수이다.

세계지리를 공부하면 세계 곳곳에서 펼쳐지는 다양한 삶을 이해해 타인에 대한 이해의 폭이 커지고 선입견들로부터 멀어질 수 있다. 동시에 지역과 사람 사이의 관계 연결망을 이해해 갈등과 분쟁, 불균등과 불평등의 문제 해결에 힘을 보태는 세계 시민으로 거듭나는 기회도 가질 수도 있다.

하지만 세계지리를 공부한다는 것이 지구상에 어떤 곳이 있고 누가 어떻게 사는지에 호기심을 품고 상상하는 것만은 아니다. 그들과의 관계 속에서 나의 삶이 펼쳐진다는 것을, 나의 작은 행동 하나하나가 모여 그들의 삶에 영향을 준다는 것을 깨닫는 것이다. 그 깨달음은 인종과 민족 차별, 빈부 격차, 종교의 차이 등 수많은 이유로 분열되고 흩어진 세계를 연결하고, 상처 입은 자연을 치유하는 일에 앞장서도록 안내할 것이다. 이런 실천이 모이고 모인다면, 우리는 지구를 더 나은 삶의 터전으로 만들 수 있다는 희망을 품을 수 있다.

세계화는 이미 오래된 현상이고, 나라 사이의 경계는 갈수록 더 흐릿해지고 있다. 교통수단이 발달해 사람과 상품이 더 빠르고 편리하게 세계 각지로 이동할 수 있게 되었고, 새로운 정보 통신 기술 덕분에 세계 곳곳에서 일어난 일을 실시간으로 알 수 있다. 전 세계에서 끊이지 않는 다양한 사건과 변화는 각국의 개별적인 문제가 아니라 우리 사회에도 영향을 미친다.

이때 우리는 어느 한쪽에 치우침 없이 균형 잡힌 시각으로 사건을 볼 수 있어야 한다. 시사적이고 역사적인 문제뿐만 아니라 분쟁, 전쟁, 자원 쟁탈전, 테러리즘, 핵확산 문제, 부자나라와 가난한 나라, 식량, 물, 평균수명의 차이, 건강의 불평등, 지구온난화, 환경문제 등에서도 마찬가지다.

우리는 일상에서 매일 접하는 커피, 카카오, 면화, 열대과일, 육류, 콩, 옥수수, 햄버거, 콜라, 축구공, 휴대전화, 다이아몬드, 청바지, 자동차 등 상품의 원료부터 원산지, 생산과 가공, 유통, 소비 과정을 추적하면 연결되어 있는 세계를 확인할 수 있다. 생산자와 소비자가 상품을 통해 어떻게 서로 연결되는지 보여주는 상품 사슬은 글로벌 자본주의 경제체제 아래 개발도상국이 처한

축구공에 담긴 세계지리

미국의 아이들이 축구공 놀이를 할 때
개발도상국 아이들은 월드컵이 무엇인지 모른 채 생존을 위해
저임금 속에 축구공을 꿰매고 있다.

불편한 진실도 알려준다. 이처럼 세계지리는 정치, 경제, 역사, 문화, 시사를 연결해 나와 세계, 상품과 소비를 통찰하는 새로운 시각을 보여준다.

역사적인 사건과 전쟁, 문명의 만남과 충돌 등도 지리적 조건과 밀접하게 연결되어 있다. 세계의 역사는 지리, 지형, 기후, 민족, 정치, 전쟁, 문화 등 여러 요소가 얽히고설켜 만들어진 결과물이다. 역사와 지리는 뗄 수 없는 관계이며, 유사 이래 인류사의 중심은 인간이 아니라 땅이라고도 할 수 있다. 인류의 과거, 현재, 미래를 읽을 수 있는 통찰력도 땅에 새겨진 생생한 역사와 지리 읽기를 통해 가능하다. 인간은 땅의 산물이기 때문이다.

세계를 이해하기 위해서는 인구, 언어, 종교, 국제 이주, 무역의 흐름, 관광, 남북 사이 불평등, 범죄, 핵보유국, 석유, 가스, 탄화수소, 생태계 문제, 물, 공중 보건, 신흥 국가, 테러리즘 등을 알아야 한다. 세계를 구성하는 나라와 민족들은 고유의 세계관과 역사를 갖고 있으며, 상호의존하면서 발전해 왔다. 따라서 어떤 한 국가나 집단을 중심으로 세계를 살펴보는 것보다는 각자의 시각으로 정확한 데이터에 근거해 바라보는 것이 합리적이다. 이제는 강대국 중심으로 기울어진 서구중심주의나 중화사상 같은 세계관에서 벗어나야 한다.

우리나라가 가진 지리적 잠재력을 활용하고, 지리적 한계를 극복하기 위해서는 어떤 전략을 취하고, 어떻게 노력해야 할까? 지금의 세계는 어떤 변화를 겪고 있을까? 이 변화는 우리의 삶에 어떤 영향을 미칠까? 우리는 어떻게 대처해야 할까?

지금 우리에게는 한반도와 동북아를 뛰어넘어 한층 더 넓은 시야와 냉철한 시각으로 국제정세를 분석하는 능력이 필요하다. 국제정세를 읽는 경쟁력을 키우기 위해서는 세계지리를 알아야 한다. 국가 간 힘겨루기는 모두 지리에서 출발한다.

세계사와 지리

《왜 지금 지리학인가》의 저자 데 블레이Harm de Blij는 《분노의 지리학》에서 우리가 살아가고 있는 세계를 분석하고 이해하는 한 방법 중 하나로 지리학을 손꼽았다. 기후변화에 대비하고, 중국과의 새로운 냉전을 피하며, 극단주의적인 테러리즘과 싸우기 위해서는 지리 지식이 필요하다는 것이다. 그는 미국이 지리적으로 무지한 나라가 되면서 국가 안보가 얼마나 위협을 받는지를 설명하면서 지리학의 중요성을 강조했다.

15세기 조선 기술과 항해술이 발달하면서 포르투갈과 스페인, 영국, 네덜란드 등 해양국가가 새로운 제국주의 강자로 부상했고 프랑스, 프로이센, 중국 등 기존의 강자인 대륙국가는 밀려났다. 서구 제국주의 국가들이 아프리카, 아메리카, 아시아 등 각지로 식민지 쟁탈전에 뛰어들면서 세계의 패권은 대륙국가에서 해양국가로 주인공이 바뀌었다.

제국주의 국가들이 식민지 개척에 열을 올리는 동안 유럽 각지에서는 시민계급이 형성되고 근대국가가 탄생했다. 이후 선발 제국주의와 후발 제국주의가 충돌하면서 제1·2차 세계대전으로 이어졌고, 참혹한 두 번의 전쟁이 끝난 후에는 미국이 세계를 지배하는 초강대국으로 새롭게 등장했다. 이처럼 시대에 따라 지리적 위치가 갖는 위상이 달라지면서 세계 질서도 바뀐다.

지정학적 관점에서 지금 한반도의 분단 체제는 미국, 중국, 일본, 러시아 열강이 자국의 이해를 위해 한반도를 남한과 북한으로 강제적으로 나누어 만든 완충지대 시스템이다. 남·북한의 정세를 안정적으로 유지하기 위해서는 서로가 주변 열강과 좋은 관계를 만들어야 한다. 이를 통해 한반도가 특정 열강의 교두보가 아닌 완충지대로 안정적으로 유지될 수 있는 것이다. 그런 의미에서 주변 열강의 세력 균형은 분단 체제를 평화적으로 이끌기 위해 꼭 필요하다. 분단 체제의 극복은 분단 체제가 생겨나고 작동하는 현실을 인정해야만 가능하다. 특히 북한, 중국, 러시아, 일본과 인접한 우리나라는 주변국들과 군사적인 충돌을 피하기 위해 지리적인 시각으로 동북아시아를 바라보고 대응해야 한다.

세계적인 저널리스트 카플란^{Robert Kaplan}은 오늘날 세계와 지난날의 역사를 담은《지리의 복수》에서 지리의 중요성을 알아차린 학자들의 견해를 바탕으로, 가까운 미래에 유라시아의 모든 곳이 하나로 연결되어 유라시아 심장지대로 몰려들 것으로 보았다. 따라서 유라시아 바깥 세력인 미국은 새로운 전략을 세워야 한다며 지리적 위치의 중요성을 강조했다. 또 환경적 힘과 조화를 이룬 사람만이 환경적 힘에 맞서 싸운 인간을 이길 수 있다면서 자연과 사람이 조화를 이룰 때 강해진다고 말했다.

세계화가 지리의 중요성을 줄인다는 주장이 있는 것도 사실이다. 그러나 주요 국가들의 역사를 지리의 관점에서 살펴보면, 지리가 잊힐 수는 있어도 사라지지는 않는다. 그만큼 지리는 세계사를 이해하는 중요한 열쇠다. 그래서 세계의 패권을 유지하려는 미국과 과거 식민종주국들은 지리학과 지질학, 생물학, 고고학, 인류학, 언어학, 민속학 등에 관심을 가졌다. 미래를 내다보는 통찰력은 지리학에서 얻을 수 있기 때문이다.

여행과 답사 그리고 탐사

'여행은 참지식의 원천이다'라는 영국의 정치인 디즈레일리 Benjamin Disraeli 의 말처럼 여행을 통해서 몸으로 익힌 것만큼 귀한 지식은 없다. 지리학은 강의실에서는 머리로 생각하고 현장을 발로 다니며 답사하는 학문이다. 지리학을 전공하는 사람들은 여행이 아니라 답사를 통해서 새로운 세상을 알아간다.

여행, 답사, 탐사는 어떻게 다른 걸까? 여행 trip 은 일이나 유람을 목적으로 다른 고장이나 외국에 가는 것을 말한다. 여행의 이유는 휴식, 오락, 투어, 즐기기, 연구, 정보, 자원봉사, 종교활동, 사업 등 다양하다. 삶을 의미 있게 만드는 여행은 단순히 보는 여행이 아니라 의미를 부여하는 여행이다. 여행하는 장소의 지리, 역사, 문화를 공부해, 단순히 보는 것을 넘어 의미를 찾고 장소를 해석할 때 가능하다.

답사 field survey 는 현장을 방문해 직접 보고 조사하는 일로 지리학을 공부하는 데 가장 중요한 활동의 하나다. 참여자는 답사를 통해 사고력을 기르고, 연구하는 능력을 갖추고, 호기심을 통해 학습 의욕을 높일 수 있다. 답사 전에 사전 준비와 학습을 철저히 하면 현지에서 더욱 적극적이고 능동적으로 조사 활동에 참여할 수 있다.

또한 답사는 이론적으로 배운 개념, 법칙, 사실들을 현지를 방문해 직접 조사하고 이해하는 과정이다. 스스로 관찰하고 조사해 결과를 정리함으로써 자연과 인간에 대한 여러 공간적 질서와 구조를 인식할 수 있게 되므로 여행에 비하면 학습적인 목적을 가지고 있다. 답사에서 얻은 지식과 경험은 사회생활을 하는 데 중요한 자산이 된다.

답사하는 모습출처: 경희대학교 지리학과

탐사exploration는 답사와 거의 같은 의미로 사용하는데, 특히 과학적·상업적·군사적인 목적으로 수행되는 미지의 세계에 대한 조사를 이른다. 20세기 후반이 되면서 땅 위의 탐사는 거의 마무리되었고, 이제는 지하나 심해, 외계를 주로 탐사한다.

지리는 단순한 길찾기 지식이 아니고 장소와 인간의 관계에 대한 지식이다. 독특한 자연환경과 그 속에서 살아가는 사람들이 펼치는 역동적인 삶의 이야기이다. 그러므로 지리를 알고 떠나는 여행자는 단순한 구경꾼이 아닌 참여자로서 여행지를 들여다보고, 세상을 바라보는 시야를 넓힐 수 있다. 여행과 지리학은 같은 것을 바라보고 경험하지만 지리학은 삶의 장소를 연구하고, 여행은 삶의 장소를 경험한다. 그런 의미에서 장소와 사람에 대한 호기심을 연구의 출발점으로 삼는 지리학과 여행은 서로 맞닿아 있다.

지리학은 산, 숲, 들, 강, 해안, 섬, 바다 등 자연환경과 위치에 따른 특성을 설명한다. 동시에 지역이 만들어지고 변하는 모습을 다루면서 정치, 경제, 사회, 역사, 문화 등은 물론 지리와 관련된 사회적 현안을 찾아 답을 내놓기도 한다. 지리는 우리를 둘러싼 모든 환경을 이르는 말이라고 할 수 있다. 그렇다면 나를 둘러싼 환경을 아는 것이 왜 중요할까? 아는 만큼 제대로 보고 생각하고 느낄 수 있기 때문이다. 지리를 알면 알수록 우리는 풍성하고 이전과는 다른 새로운 삶을 경험하게 된다.

지리학을 공부하는 사람들의 답사는 어떠할까? 땅 위의 사물과 현상을 배운다는 지리학의 관점에서 여행지는 단순히 공간의 물리적 변화만을 이야기하지 않는다. 지리학에서 답사는 장소와 인간의 상호관계를 묻고 그것이 시간에 따라 어떻게 변해 왔는지를 살핀다.

여행을 가서 사진을 찍고 현지의 음식을 맛보는 것 등은 답사의 과정과 크게 다르지 않다. 그러나 답사에는 면담이나 설문 조사와 같은 좀 더 학술적인 활동이 포함되고, 답사를 다녀온 후 이를 정리하는 보고서를 작성하는 일 등이 추가되기도 한다. 지리와 답사는 떼려야 뗄 수 없는 관계이다.

요즘에는 인터넷을 통해서 다양한 자료에 접근하기가 쉬워졌지만, 여

전히 지리를 공부하고 연구하는 데 1차 자료로서 답사는 중요하다. 현장을 보고 소리를 듣고 냄새를 맡는 것에서부터 현지인을 만나고, 현지의 자료가 있는 곳을 방문하는 것처럼 현장이 아니면 절대로 얻을 수 없는 경험이기 때문이다. 답사는 '지리를 가르치고 배우는 과정의 하이라이트'다. 인솔자들도 답사에 참여해 현장에서 학생들과 상호 작용하며 그들에게 가르친 것 이상으로 배울 수 있다. 또한 답사 과정에서 예상치 못한 상황을 맞아 어려움을 해결하고 극복하는 방법들을 익히게 되면 사회생활에도 많은 도움이 된다.

답사를 떠나기에 앞서 왜 답사를 하는지에 대한 목표를 세워야 한다. 제한된 답사 기간 동안 어떻게 하면 최대한의 것을 얻을 수 있는지를 고민하고 준비해야 한다. 답사를 통해 현장을 읽는 능력을 갖추면 사회에 진출해 직업을 선택하는 폭이 훨씬 넓어진다. 답사에서 스스로 연구 계획을 구상하고 계획을 수립하는 방법을 배우게 되므로 혼자의 힘으로 현지 조사하는 능력을 기를 수 있다. 또 답사에 필요한 기본 윤리를 갖추게 되면 대인관계도 훨씬 부드러워진다. 여럿이 함께 여행하고 답사하는 경험을 통해 팀워크를 배우고 조직에 잘 적응할 수 있기 때문이다.

답사는 새로운 것을 알아가는 지리학의 과정이자 꽃이다. 답사는 늘 마음을 설레게 하지만 가려는 곳에 대한 기본적인 정보를 출발 전에 조사해야 더 많이 볼 수 있다. 그래서 나온 말이 '아는 만큼 보인다'이다.

5

문제를
해결하는
출발점,
지리학

지리적인 눈

  지리가 지형, 기후, 자원, 지역별 특성, 지도와 관련된 온갖 복
잡한 기호들이 넘쳐나는 지루한 과목이라는 생각한다면 나와 같
이 지리학을 전공한 전문가들의 탓이다. 지리는 지표 공간에 나
타나는 자연환경과 인문현상 및 인간과 자연 간의 상호관계를
탐구하는 자연과학과 사회과학의 성격을 두루 갖춘 매우 역동적
이며 융합적인 학문이다.

  어디에 살고, 어느 장소를 오가며, 무엇을 먹고, 어떤 자연이나
사물을 만나며 사는지는 개인의 삶을 크게 좌우한다. 그리고 개
인의 삶은 그 개인과 관계 맺는 집단과 산업의 모습을 바꾸기도
한다. 지리학은 사람의 삶과 환경의 관계에 대해 자세하고도 폭

넓게 알려 준다.

그럼에도 지리학이 위기라는 일선 중등학교 지리교사들의 목소리가 높다. 그 이유는 '틈', '거리'에서 나온다. 우리의 삶과 지리 교과서 사이에는 틈이 있으며, 교과서와 수업 간에 틈이 있고, 수업과 평가 사이에도 틈이 있다. 또 우리의 삶과 수능시험 사이에는 말로 표현할 수 없을 만큼의 '멀고도 먼 거리'가 있다.

정보의 바다를 항해하는 청소년들이 가장 어려워하는 것은 엄청난 정보 가운데 참으로 가치 있고 정확한 것을 가려내는 일이다. 공평하고 객관적으로 한 지역을 종합적으로 이해하고 분석하기 위해서는 '지리적인 눈'이 필요하다. 오늘날 세계는 빠르게 변하고 있고, 나라들 간에 의존성도 높아지면서 세계에 대한 정보의 필요성은 더욱 커지고 있다. 국제화, 세계화 시대에 살아가는 시민으로서, 청소년들은 세계를 공부해야 하며 세계 문화를 이끌 시민이 되기 위해서는 균형 있는 가치관과 세계관을 가질 필요가 있다.

시간과 공간이 서로 주고받는 영향을 살펴보는 것은 역사를 공부할 때도 지리를 공부할 때도 매우 중요하다. 어떤 역사적 사건이 일어난 지역의 지리적 환경을 분석해 보면 역사와 지리에 대해 깊이 있고 새로운 시각을 얻을 수 있다. 과거부터 현재까지 우리가 살아온 시간에 대해 알려주는 것이 역사라면, 지리는 우리 삶의 배경이 되는 공간을 다루는 학문이다. 역사와 지리는 서로 뗄 수 없는 관계이기 때문에 한 장의 지도로도 얼마든지 살아 있는 역사를 경험할 수 있다. 땅에 기록된 역사는 단순한 과거의 기록에 그치지 않고, 현재를 만나고 미래를 내다보게 하는 힘이 있다. 인간이 같은 역사를 되풀이하는 것도, 전쟁이 일어난 곳에서 다시 일어나는 것도 대부분 지리적인 조건 때문이다.

인류의 탄생과 문명이 발전하는 것도, 종교가 대립하고, 국가가 충돌하고, 제국주의의 승자와 패자가 생긴 것도, 혁명과 전쟁의 시대가 이어진 것도, 세계대전과 냉전이 일어난 것도 모두 지리와 관련이 크다. 세계사를 책으로만 읽어서는 이해하기 어렵지만 지도를 보고 읽으면 쉽게 이해할 수 있다. 지리와 지도의 힘이 여기에 있다. 지리와 가까워지면 가까워질수록 지리학이 세상을 이해하는 데 얼마나 큰 소통과 협력의 가능성을 갖는지 알 수 있을 것이다.

지명학

현대사회가 당면한 수많은 문제는 지구촌의 갈등과 위기를 가져오기도 한다. 첨단기술, 자원, 영토, 식량을 둘러싼 국가 간 경

지리적인 눈

역사와 지리는 서로 뗄 수 없는 관계이기 때문에
한 장의 지도로도 얼마든지 살아 있는 역사를 경험할 수 있다.

쟁과 분쟁도 피하기 어렵다. 이러한 문제를 해결하고 극복하기 위해서는 협력의 힘, 혁신의 힘, 장기적인 안목의 힘이 필요하다.

지리학은 지역 내에서 여러 질문을 던지고 해답을 찾으려 한다. 나는 기후위기의 피해자인가 아니면 가해자인가? 수도권에 주요 기능이 집중된 이유는 무엇인가? 지역 간 불균형을 해소하려면 어떤 노력을 기울여야 하나? 지리학은 도시에서 사람들이 어떻게 살아가는지, 더 나은 삶을 위해 도시 공간을 어떻게 만들어가야 하는지 등을 생각하고 해답을 찾는다. 낱낱의 지식을 이어 이야기를 만들고 그 속에서 질문을 만듦으로써 우리 삶에 유용한 진짜 지식을 얻는다.

지리학은 어떤 지역의 특산물이 무엇인지, 주요 자원이 무엇인지, 기후는 어떤지, 특이한 지형은 없는지 등 객관적 정보를 확인하는 차원을 넘어선다. 기후와 지형이 어떤 자원을 품고 있고 어떤 문화를 만들었으며 주로 어떤 방식으로 먹고사는 문제를 해결하는지, 또 이러한 것들로 인해 생긴 분쟁의 씨앗은 없는지 등을 종합적으로 이해할 수 있게 시야를 넓혀 준다.

우리나라와 일본처럼 이웃한 나라 치고 사이좋은 경우는 드물다. 이런 문제를 해결하는 데 지리학이 외교적 역할을 하기도 한다. 우리나라와 일본은 동해 표기 문제로 갈등을 계속하고 있다. 우리는 2천 년 이상 사용해 온 이름인 '동해東海'를 존중해 이를 각 언어 영어 East Sea, 프랑스어 Mer de l'Est, 스페인어 Mar del Este, 독일어 Ostmeer, 러시아어 Восточное море 등로 표기하자고 제안했고 일본은 'Sea of Japan' 표기에 어떤 변화도 필요 없다고 주장 중이다.

1992년 한국 정부가 동해 표기 문제를 국제사회에 처음으로 제기했을 때 이것을 분쟁으로 인식하는 국가는 드물었다. 25년이 지난 지금은 반대로 이 문제가 분쟁이 아니라고 생각하는 국가가 드물다. 이 문제를 국제적인 지명 분쟁으로 만드는 데는 성공한 셈이다. 우리나라의 입장은 이 바다 이름에 대해 인접국 간에 합의가 필요하며, 합의에 이르기 전까지는 두 이름을 함께 쓰자는 것이다. 이 같은 제안에 대해 많은 국가의 정부, 전문가, 지도제작사가 반응했고 'East Sea'로 표기하는 비율은 꾸준히 증가해 왔다.

지명학Toponymy은 어원학적·역사적·지리학적 정보에 기초해 지명을 분류학적으로 연구한다. 지명학은 하나의 지명과 그 지명이 가리키는 장소, 상징, 가치 등을 파악하고 그에 따른 갈등과 바뀐 지명의 영향력 변천 등에 관심이 많다. 요즘에는 지명 자체가 하나의 브랜드가 되어 상품의 품질과 신뢰성을 높이는 전략으로 사용된다. 예를 들면, '돌산 갓김치', '제주 구좌 당근', '금산 인삼', '포항 과메기' 등이다. 지명과 상품을 함께 사용함으로써 상품에는 정체성을 부여하고 상품의 품질이 인정받으면 지명의

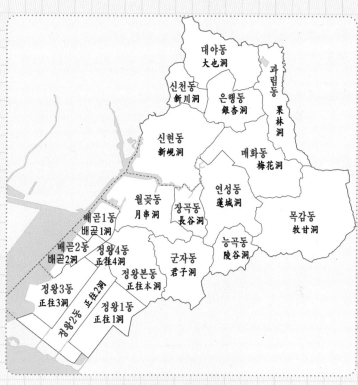

경기도 시흥의 지명들 ©Asfreeas

지명학은 하나의 지명과 그 지명이 가리키는 장소, 상징, 가치 등을 파악하고
그에 따른 갈등과 바뀐 지명의 영향력 변천 등에 관심이 많다.

가치도 함께 상승하는 효과가 있다.

독도는 우리의 고유한 영토이므로 논의 대상이 아니라는 우리나라의 입장에 일본은 끊임없이 논쟁거리로 만들어 분쟁화를 시도하는 것도 비슷한 이유다. 이처럼 영토에 대한 지리적, 역사적 연구가 계속되어야만 국가의 이익을 지킬 수 있다. 지리학자들이 《대한민국 국가지도집》이나 《독도 지리지》 같은 책들을 국문과 영문으로 꾸준히 출판하는 것도 영해와 영토에 대한 국익을 지키기 위함이다.

공간과 장소의 이해

공간이란 사람이나 사물이 차지하고 있는 장소 또는 인간의 활동이 행해지는 장이나 물체의 운동이 전개되는 넓이를 말한다.

일정한 공간에 씨줄과 날줄이 만나면 점point 분포도가 되고, 점이 두 개이면 분포선line이 만들어지고, 세 개 이상의 점이 같은 직선 위에 있지 않으면 분포역range을 이루어 공간을 만든다. 지리학은 하나의 점에서 시작해 온도 등 같은 수치를 보이는 지점을 연결한 등치선等値線 그리고 같은 특성을 가진 면으로 이루어진 분포역의 공간적 특성을 탐구한다.

| 점분포도 | 분포선 | 분포역 |

점, 선, 면

미국의 위스콘신 대학의 투안Yi-Fu Tuan은 공간과 장소는 명확하게 다르다고 주장했다. 그는 사람과 장소의 정서적 유대감을 뜻하는 '장소애topophilia'라는 개념을 처음으로 소개해 현대 지리학에 많은 영향을 끼친 인물이다.

흔히 공간과 장소를 잘못 섞어 사용하지만 투안은 둘을 구분했다. 공간space은 움직임이 일어나는 곳으로 자유, 개방성, 모험, 위협을 상징한다. 공간은 생존의 조건이자 심리적 욕구의 대상이며 부와 권력의 대상이 되기도 한다. 공간은 추상적이고, 낯설고, 미완성이고, 아직 경험하지 않은 풍부한 가능성을 가진 곳이며 의미가 빠진 백지와 같은 곳이다.

이에 비해 장소place는 정지pause가 일어나는 곳으로 안전, 안정, 안식처를 상징한다. 장소는 일상적이고 실제적이며 평범한 행위들이 발생하는 구체적인 곳이다. 의미로 가득 찬 곳이며 인간화된 공간이다.

투안에 따르면 공간은 장소보다 추상적이다. 처음에는 별다른 특징이 없던 공간은 우리가 그곳을 더 잘 알게 되고 그곳에 가치를 부여하면서 장소가 된다. 공간과 장소의 개념은 각각의 의미를 규정하기 위해 서로를 필요로 한다. 공간은 움직이는 곳, 장소는 정지하는 곳으로 공간에 가치를 부여하면 그곳은 장소가 된다. 우리가 공간을 느끼는 두 가지 감정은 광활함과 과밀함인데, 개방된 공간에서는 장소에 대한 열망을 갖고, 안전한 장소에서는 광활한 공간에 대한 열망을 갖는다.

인간은 장소를 만들고, 장소를 사랑하는 종種이다. 사람들은 고향이 도시화되어 '어디도 아닌 곳'으로 변해가는 것을 보며 마치 자신의 일부가 사라지는 느낌을 받는다. 이러한 '장소에 대한 본질적인 사랑'이 장소애場所愛다. 장소애는 추억의 비밀 장소가 사라진 것에 대한 그리움, 아직 가보지 못한 곳에 대한 호기심, 한 줌 땅을 차지하기 위한 열망 등 다양한 방식으로 나타난다.

자리라는 말은 위치, 입지, 장소 등을 아우르는 우리말 개념이다. 사람이든 사물이든 자리를 뛰어넘어 존재하기란 불가능하며 우리는 각자 자신의 분량만큼 자리를 차지하고 일정한 역할과 기능을 한다. 동시에 자리는 마음의 경관이 머무는 곳이며, 삶을 담아내는 그릇이다. 이런 자리와 삶 사이의 상호작용을 살펴보는 것이 바로 '자리의 지리학'이다. 일상의 삶 속에서 만나는 자리를 살펴보면 삶을 살아가는 지혜를 얻을 수 있다. 지표 공간 위에 있는 눈에 보이는 사물과 눈에 보이지는 않으나 엄연히 존재하는 현상을 다루는 지리학은 이런 의미에서 공간의 과학이다.

다양성에 담긴 지리적 사실

시간이 흘러도 지표 위 지리적 요소는 그 자리에 그대로 남아 있다. 지역에서 일어나고 있는 사물과 현상을 종합적으로 분석하고 지역의 고유성과 일반성을 찾아내는 것이 지리학이므로 세계의 다양성을 이해하기 위해 지리가 필수다. 지리학은 지구적 차원, 환경적 차원, 문화적 차원, 경제적 차원, 국가별 이슈로 나누어 세계 곳곳을 안내한다.

세계의 다양성을 이해하기 위해서는 그 배경이 되는 지리적 사실을 파악하는 것이 중요하다. 지리학은 자연적·지형적·기후적 조건에 따라 인간이 어떻게 적응해 왔으며 어떤 문화적 다양성과 차이를 보이게 되었는지, 이로 인해 무엇이 갈등과 분쟁의 씨앗이 되었는지를 알려준다.

영국과 한반도는 비슷한 면적을 가진 땅으로 각각 유라시아대륙의 서쪽 끝과 동쪽 끝에 위치한다. 하지만 고등식물의 다양성은 한반도가 영국보다 세 배 가까이 높다. 지역 간 식물다양성의 차이는 과거와 현재의 환경조건과 관련 있다. 지금으로부터 2만여 년 전 가장 추웠던 신생대 제4기 플라이스토세 마지막 빙기 동안 대서양으로부터 불어오는 습한 대기의 영향을 받아 대륙빙하로 뒤덮였던 영국은 빙하기 이전에 살던 식물들이 거의 몰살되다시피 했다. 반면 한반도는 영국보다 조금 남쪽에 위치하고 겨울에 한랭건조한 시베리아 고기압의 영향으로 눈이 적게 내려 대륙빙하가 발달하지 않아 식물들이 멸종하지 않고 생존할 수 있었다.

이에 더해 영국은 거의 평탄한 땅이지만 한반도는 백두산에서 한라산에 이르기까지 남북으로 높고 낮은 산지가 백두대간을 중심으로 이어져 있고 평야와 해안 그리고 4천여 개의 섬으로 이루어져 기후대도 다양해 여러 식물이 살 수 있는 공간을 제공했다. 이처럼 지표 위 식물의 다양성은 복잡하게 얽혀 있는 환경조건의 결정체다.

위도에 따른 기후와 자연환경 차이는 조류의 다양성에도 큰 영향을 미쳤다. 북위 6도에 위치하는 콜롬비아에는 1,500여 종의 새가 서식하지만, 북위 15도의 과테말라는 470여 종, 북위 41도의 미국 뉴욕에는 200여 종, 북위 48도의 캐나다 레브라도에는 80여 종, 북위 65도의 그린란드에는 56종의 새가 산다. 지역마

세계의 다양한 지형

다 조류의 다양성이 다른 것은 기후와 같은 환경의 차이에 따른 것이다. 다양성과 환경은 서로 밀접한 관계를 맺고 서로 영향을 준다.

우리가 매일 먹는 음식만큼 지역의 고유한 특성과 다양성을 드러내는 것은 드물다. 음식으로 지리적 지식을 전달하면서 음식에 담긴 이야기와 추억을 공유하는 지역의 양념, 곡식, 탕, 채소, 해산물, 고기 등은 '지리 레시피'라고 할 수 있다. 음식의 재료가 그 장소에서 생산될 수 있었던 지리적 특징과 역사, 전파 과정 등을 반영한다. 지리학은 음식이 만들어지는 과정과 배경에도 관심이 많다. 음식을 통해 지역의 기후와 토양이 식재료에 어떤 영향을 미쳤는지, 또 식재료를 왜 그러한 방법으로 조리했는지, 그 음식은 지역 주민들의 삶에 어떤 영향을 끼쳤는지 말이다.

지금까지의 지리학은 계통지리학과 지역지리학으로 분리되어 있어 대상을 통합적으로 보지 못하는 한계를 가지고 있었다. 지역이 가진 고유한 지역성은 어떤 지역이 다른 지역과 다른 차별화된 특성을 만들어낸다. 지역에서 볼 수 있는 독특한 경관과, 보이지는 않으나 지역의 개성을 말해 주는 현상이 어우러져 다양성을 만든다. 지역마다 가진 독특한 다양성을 찾아내면 그것을 바탕으로 다른 지역과 차별화되고 개성이 넘치는 일을 꾸릴 수 있다.

지역의 특산물처럼 각각의 장점을 살릴 수 있도록 '지역마다 가지는 특별한 주제'를 찾아내면 그 지역의 문제점과 해결책도 찾아낼 수 있다. 지리학은 지역을 바르게 알고, 세상을 통합적으로 이해하며, 문제의식을 가지고 비판적으로 사고하면서 대안을 만드는 힘을 갖게 한다.

생물과 지리학

지리학에서는 생태계를 이루는 식물도 연구 대상이다. 생물지리학은 지질시대부터 빙하기를 거쳐 오늘날까지 시간적인 관점에서 나무와 식물의 자연사Natural History를 살펴보고, 툰드라부터 한반도 남단 제주도까지 식생이 어떻게 이어지는지 살피면서 새로운 사실을 알아낸다. 한반도에서 사람에 의해 숲이 황폐해진 역사는 오늘의 숲의 모습을 이해하는 첫걸음이다. 삼국 시대, 고려와 조선을 거쳐 일제강점기, 현대에 이르기까지 숲에 남아 있는 상처들을 짚어 보면 시간에 따른 공간의 변화를 알 수 있다.

높은 산의 꼭대기, 산자락 외진 곳에서 자라는 강인한 생명력을 지닌 빙하기 유물인 유존식물이 어떻게 혹독한 빙하기를 거쳐 이 땅에 자리 잡았는지를 시계열적으로 분석하면, 앞으로 지구가 겪을 기후변화에 어떻게 대응할지 해답을 찾을 수 있다.

최근 우리를 괴롭히는 신종 바이러스 전염병은 대부분 야생동물로부터 유래한다. 숲의 개발, 독특한 식문화, 생활양식, 도시화, 교통 발달 등으로 야생동물과의 접촉이 많아졌다. 처음에는 동물끼리만 감염되었으나 점점 인간과 접촉이 많아지면서 인간도 감염되었다. 동물에서 인간으로 바이러스가 전염되는 현상이 잦아지면서 전염병이 끊이지 않는다. 바이러스는 새로운 숙주에 옮겨가기 위해 스스로 변이하기 때문에 예측하기 어려운 측면이 있다.

바이러스에게 날개를 달아준 것은 개발에 따른 야생동물의 서식지 파괴와 교란, 밀렵과 불법 거래, 야생동물과의 접촉, 세계화에 따른 인류의 잦은 이동, 기후변화 등이다. 지금이라도 야생동물의 서식지를 파괴하고 포획해 거래하는 행동을 멈추고 일정한 거리를 두고 자연계의 구성원으로 자연의 권리를 존중하는 삶으로 바꾸어야 한다는 것을 알려준다.

무엇이 더 중요할까?

1984년에 미국지리학회와 미국지리교육학회는 지리학의 기

본 주제를 위치, 장소, 인간과 환경의 상호작용, 이동, 지역 등 다섯 가지로 선정했다. 지리학의 주요 관심사의 하나인 환경은 사람을 비롯해 동물, 식물이 살아가는 데 영향을 주는 주변 상황과 조건을 뜻한다.

지구의 환경은 다양한 요소로 이루어진다. 물리적 환경으로는 땅, 공기, 물 등이 있고 이 밖에 생태계, 생물권 등 생물적인 환경이 있다. 환경은 다시 자연환경과 사람이 만든 인문환경으로 나눈다. 자연환경은 지형, 기후, 토양, 물 등 무기환경과 동물, 식물 등과 같은 생물과 생태계 등으로 이루어지며 인문환경은 도시, 다리와 도로와 같은 구조물, 사회 시스템이나 문화 등을 포함한다.

미국 하버드 대학의 헌팅턴Samuel Huntington은《문명의 충돌》에서 환경결정론을 주장했다. 이것은 환경이 인간 생활을 지배한다는 극단적인 사례다. 번영하는 문화권과 그 지역의 기후는 뚜렷한 상관관계가 있으며, 사계절이 뚜렷한 중위도 지역의 사람들은 다른 지역 사람들보다 환경적으로 우위에 있어 주도적인 위치에 설 수밖에 없다는 것이다. 이는 중위도 지역 사람들이 우월하다는 결론을 넘어 제2차 세계대전 당시 나치의 '지배 인종' 이념까지 암시한다는 이유로 많은 비판을 받기도 했다.

다이아몬드도《총, 균, 쇠》에서 "인류문명의 불균형은 총, 균,

쇠 때문이다"라고 주장했다. 특정 집단이 "여러 자연조건의 결합으로 유리한 환경적 기회를 잡아 오랜 기간 혜택을 입을 때는 강점이 지속된다"라는 환경결정론적 입장이다. 각 대륙의 인류 사회가 각기 다른 발전의 길을 걷게 된 원인이 환경적 차이 때문이라는 것이다. 선사시대로부터 환경적으로 유리한 지역에서 살게 된 '우연'이 오늘날 문명의 우열을 가리게 되었다는 주장이다.

지형, 기후, 물, 생물, 흙이 어우러진 자연생태계가 인간의 생활에 영향을 미치는 주요 환경요인이라는 것을 부정하기는 힘들다. 자연과 인간은 환경으로부터 서로 영향을 주고받기 때문이다. 이것이 지리학이 인간과 환경의 상호작용이라는 주제를 오랫동안 깊이 연구하는 이유이다.

아무것도 확실하지 않은 현재 우리가 할 수 있는 최선은, 세계의 본질을 읽고 기술의 변화와 흐름을 읽어 이에 대처하는 것이다. 지구의 역사부터 인류가 겪어 온 갖가지 사건들, 각 대륙이 위치한 장소와 그 안의 사람들이 처한 상황을 체계적으로 살피고, 공간에 대해 올바로 이해할 때 미래의 전 세계적 위기에 대처할 수 있을 것이다.

지리교육의 필요성

지리 공부는 '이유'와 '결과'를 아는 것이다. 왜 이런 모양의 땅이 만들어졌는지, 왜 이런 기후가 나타나는지 '이유'를 알고, 그런 땅에서, 그런 기후에서 사람들은 어떻게 살아가는지 '결과'를 아는 것이 지리 공부의 핵심이다. 지리학은 인간이 사는 공간을 주제로 세상을 바라보기 때문에 우리의 삶과 가장 친숙하고 밀접하며, 다양한 소재를 담고 있다.

지리는 자연과학, 사회과학, 인문학 등 거의 모든 학문과 연관되어 있어 통합적 사고능력과 폭넓은 세계관을 기르는 데 필수적이다. 특히 국가 간 장벽이 낮아지고 새로운 무역환경 속으로 접어드는 21세기에는 그 중요성이 더욱 커지고 있다.

세계 여러 나라는 세계화, 환경문제, 다문화주의 등 21세기의 다양한 문제를 가르치기 위해 지리교육을 강화하고 있다. 유럽은 지리를 독립된 과목으로 가르치고 있고, 일제강점기에 우리 교육에서 지리 과목을 없앤 일본도 1989년부터 지리와 사회를 분리했다. 우리가 교과과정 개편의 모델로 삼은 미국도 초등학교 5학년부터 지리를 독립된 과목으로 배운다.

지리는 우리 각자가 홀로 존재하는 것이 아니라 우리가 위치한 공간, 환경, 세계와의 얽힘 속에 공존한다는 것을 깨닫게 한

지리교육의 중요성

지리교육을 통해 우리는 각자 홀로 존재하는 것이 아니라
우리가 위치한 공간, 환경, 세계와의 얽힘 속에 공존한다는 것을 깨닫는다.

다. 단순히 특산물이나 지명을 외우는 것이 아닌 우리 삶을 보는 새로운 눈을 갖게 해준다. 지리는 세계와 나를 비교해 바라볼 수 있도록 도와주는 교과다.

아울러 지리는 다양한 규모의 사회 공동체를 유지하고 발전하는 데도 도움을 준다. 지리는 환경주의, 문화 다양성, 사회정의에 관심을 두는 윤리적 교과로 변화를 거듭하면서 학생들을 세계 시민으로 교육하고, 더 넓은 관점을 갖도록 만든다. 그래서 오늘날 지리교육에서는 지리와 인간, 지리와 공간, 지리와 장소, 지리와 환경, 지리와 교실에 관심이 많다.

상호관계와 네트워크

내일을 예측하기 힘든 기후변화, 순식간에 전 세계로 번져 수많은 생명을 앗아가는 바이러스, 극단적 테러 단체의 등장, 크고 작은 국제 분쟁과 세계 곳곳에서 발생하는 경제 위기 등 다양한 사건들이 인류의 미래를 위협한다. 왜 이런 문제들이 발생하고, 어떻게 진행되고, 서로 어떠한 영향을 미치며, 이를 막을 수는 없을까? 인류가 알고 싶고 해결하고 싶은 공통적인 희망이다.

오늘날의 세계는 초연결 사회라고 할 정도로 서로 밀접하게 연결되어 긴밀하게 상호작용하고 있다.

자연생태계도 마찬가지다. 태양과 암석권, 기권, 수권, 생물권이 서로 그물망처럼 연결되어 에너지, 물, 물질 등을 주고받으며 하나의 네트워크를 이루면서 시스템을 작동하고 있다. 생태계는 생산자, 소비자, 분해자가 서로 그물망처럼 네트워크를 이루며 조화와 균형을 유지한다. 그러나 자연이 감당할 수 있는 이상으로 무리한 부하가 걸리면 지구환경시스템은 부담을 견디지 못하고 무너진다. 즉 지구가 가진 자정 능력Self Purification Capacity 범위를 벗어나 정상적인 기능을 하지 못하게 되는 것이다.

국제관계를 움직이는 사건들도 공간적으로 서로 연결되어 있다. 그러므로 그 본질을 이해하려면 지리적 시각으로 보아야만 한다. 기후변화와 역사적 사건, 자연현상과 정치 상황의 전개, 자연환경과 인간의 운명 등 직접적인 연관성이 없어 보이는 요소들은 공간적으로 서로 긴밀하게 연결되어 있다.

지구상의 모든 나라가 더욱 긴밀하게 연결되어 상호작용을 하는 지금, 다른 나라에 대한 지리적, 문화적 이해 없이는 갈수록 복잡해지는 21세기의 국제관계를 이해할 수도 없고, 그 안에서 살아남을 수도 없다. 이것이 지금 그 어느 때보다 세상을 종합적으로 보는 지리학적 지식이 중요한 이유이다.

풍수지리 사상

우리나라의 전통사상 가운데 자연과의 연관성에 대해 말해 주는 것은 '풍수지리'와 '문화유적지'이다. 문화유적이 그곳에 자리한 것은 우연이 아니라 어떤 기준에 따라 그 자리에 있어야 하는 이유가 있다.

흔히 풍수지리라고 부르는 '전통지리 사상'은 자연을 과학적으로 분석하는 서양 관점과는 성격이 다르다. 그렇기에 비과학적이라는 견해도 있다. 하지만 여기서 자연과 상생하려 했던 조상들의 깊은 지혜를 읽을 수는 있다. 자연을 하나의 생명체로 받아들였던 옛사람들은 자연지형을 고려하고 자연을 파괴하지 않으면서 집터나 묘터를 잡는 등 자연과 조화를 생각했다. 이것은 자연을 이용하고 극복하고 정복하려던 서양의 자연관과는 매우 다르다.

러브록James Lovelock은 《가이아》에서 우리가 사는 지구를 '살아 있는 하나의 거대한 유기체'로 보았다. 지구생태계를 단순히 주위 환경에 적응해서 간신히 생존을 이어가는 소극적이고 수동적인 존재가 아닌, 오히려 지구의 여러 물리적·화학적 환경을 활발하게 변화시키는 적극적이고 능동적인 존재로 본 것이다. 이는 지구가 생물과 무생물의 복합체로 구성된 하나의 거대한 유기체라는 생각으로, 전통지리 사상과 크게 다르지 않다.

지리학이 지표 사물과 현상을 주제로 삼아 연구하는 과학이라면 풍수

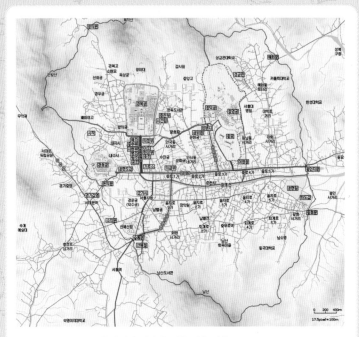

풍수지리에 입각해 터를 잡은 서울 ©Pablin

지리는 땅과 풍토에 대한 거주민들의 지혜가 모여 체계를 갖추면서 이루어진 자생 학문이다. 풍수가 현대의 국토 문제에 관여할 수 있는 까닭은 그것이 지닌 건전한 지리관, 토지관, 자연관 때문이다.

풍수를 생태와 지리적으로 해석하려는 시도도 이어졌다. 땅, 물, 바람, 생물 같은 자연환경 요소를 생태순환 시스템으로 인식하는 풍수지리는 미신적 요소가 강한 신앙체계로 보이기도 했다. 그러나 땅, 물, 바람, 생물과 같은 환경요소들을 따로 떼어 보지 않고 전체로서 그리고 순환하는 시스템으로 바라봤다는 점에서 풍수지리는 합리적이고 현대의 생태이론과 매우 닮았다.

자연과 소통하며 자연의 이치에 순응하고, 이를 크게 해치지 않는 범위 내에서 이용하고자 했던 선조들의 지혜와 전통 지식은 높이 평가할 만하다. 그런 점에서 전통 생태와 풍수지리를 현대적 시각으로 해석하는 것은 뜻깊은 일이다.

6

지리학의
고민과 미래

지리학이 고민해야 할 문제들_ 지역성

지역은 주변의 다른 곳과 지리적 특성이 구분되면서 내부적으로는 한 가지 이상의 고유한 속성을 지니는 공간적 영역이다. 지역은 지역이 지니는 특성이 강하게 나타나는 중심부인 핵심부와 지역이 지니는 특성이 점점 약해지는 외곽 지대인 주변부, 한 지역에서 다른 지역으로 지역성이 변해가며 두 지역의 특성이 모두 나타나는 '점이지대transitional zone'로 이루어진다.

하나의 지역은 다른 지역과 구별되는 그 지역만이 갖는 똑특한 특성이 있는데, 이를 '지역성'이라고 한다. 지역성은 그 지역을 둘러싼 자연과 인문 현상의 모든 관계를 밝혀 규정한다. 지역성은 주로 지형적 특징, 기후 조건, 인종적 차이, 역사적 경험, 언어의 차이, 산업, 민족 또는 국가 단위의 개성 등 지리적 요소의 상호작용으로 정해진다. 특히 고유한 역사적 경험은 지역성을 만드는 데 결정적인 역할을 하지만 지역을 내세우는 감정이 지나치면 지역 갈등의 원인이 되기도 한다.

지역성을 파악하면 그 지역을 더욱 잘 이해할 수 있게 된다. 최근에는 지역성에 바탕을 두고 지역 발전을 추구하는 경향이 두드러진다. 한 지역의 지역성은 고정된 것이 아니며 시간의 흐름, 교통과 통신의 발달, 정부 정책, 인근 지역과의 관계 변화, 사람과 물자 이동의 변화에 따라 변하기도 한다. 하지만 지역성은 그 지역 내에 거주하는 인간과 환경의 오랜 상호작용을 통해 만들어진 것이므로 쉽게 변하지는 않는다.

그러나 우리나라처럼 역동적인 나라에서는 지역성이 쉽게 변하기도 하는 이중성을 지니고 있으며, 과거의 지역성이 되풀이되기도 한다.

같은 마을과 지역에서 삶을 공유하는 사람들은 자신들의 독특한 문화와 전통이 배어 있는 지역성과 정체성을 만든다. 그러나 같은 집단에 속하지 않은 다른 집단을 받아들이지 않거나 배척하면서 정치사회적인 차별이나 갈등으로 사회문제가 되기도 한다. 지역성을 악용한 지역감정이 심해지면 사회통합과 발전에 부작용을 일으킨다.

'조선의 가장 대표적인 인문지리지'라는 평가받는 이중환의 《택리지》는 '살 만한 곳은 어디인가'라는 문제의식을 통해 우리 땅을 분석했는데 18세기 당시의 정치, 경제, 사회, 산업, 교통, 국방, 풍수지리, 환경문제 등과 함께 각 고을의 인심과 풍속, 역사와 문화, 물자 등에 대한 다채로운 내용이 담겨 있다.

하지만 《택리지》는 지역을 보는 왜곡된 시각을 가진 그릇된 역사의 산물이라는 평가도 받고 있다.

그는 살 곳을 선택하는 네 가지 조건으로 지리, 생리, 인심, 산수를 강조했다. 특히 새롭게 떠오르는 생리生利 중심지에 주목해, 경제를 기반으로 한 살림살이가 우선이라는 입장에서 살만한 곳을 다루었다. 그러면서 원산, 강경, 광천, 목포처럼 포구와 강에 인접한 교통 요지를 살기 좋은 곳으로 보았다.

또 전국의 여러 지방을 평가했는데 인심이 순박하고 두텁기로는 평안도를 으뜸으로 꼽았고, 풍속이 질박하고 진실한 면에서는 경상도를 꼽았다. 반면 전라도나 함경도 등은 나쁘게 이야기했는데, 이것이 특정 지역에 대한 편견을 부추겼다는 비판을 받고 있다. 훗날 전라도 강진의 아전이자 정약용의 제자였던 황상은 지역민의 눈으로 《택리지》를 해석하고 호남과 서북 지역 등 소외된 곳을 재평가했다.

우리나라의 가장 큰 고질병인 영·호남의 지역감정은 정치와 결합하면서 부작용이 심해졌다. 그래서 영·호남을 답사해 지형적 특성을 조사한 뒤 편견과 갈등의 근본 까닭이 인구 변화, 문화차이 등에 있다고 밝힌 연구도 있다.

지역성이 강조되는 연고주의는 무조건 없애야 할 '적폐'가 아니다. 환경에 따른 지역성은 인류사의 필연적인 요소이므로 갈등과 차별 대신 긍정의 에너지로 활용해야 한다.

지리학이 고민해야 할 문제들_인류세

21세기에 새롭게 등장한 과학적 논쟁의 하나가 '인류세人類世'다. 인류세Anthropocene란 호모 사피엔스가 절대강자가 되어 지구를 새로운 길로 이끈 시기를 말한다. 인류세는 인류의 역사, 생명의 역사뿐만 아니라 지구 자체의 역사에서도 전환점이다. 인간의 탐욕은 산업화, 세계화, 종의 대이동, 전염병의 창궐, 인구 대폭발 등으로 지구를 새로운 지질시대인 인류세로 이끌었다.

제2차 세계대전과 크고 작은 전쟁이 끝난 뒤 선진국들은 도시화와 산업화의 속도를 높였고, 개발도상국들의 인구는 기하급수적으로 증가했다. 자원을 대량 소비하고 산업도 발전하면서 엄청난 변화가 나타났다. 인류는 이전까지 없었던 새로운 인공합성물

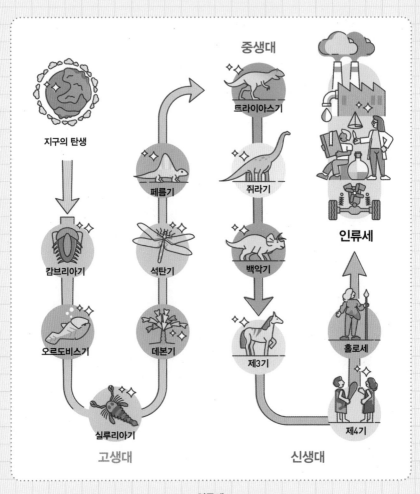

인류세

인간의 탐욕은 산업화, 세계화, 종의 대이동, 전염병의 창궐, 인구 대폭발 등으로
지구를 새로운 지질시대인 인류세로 이끌었다.

을 만들어냈으며, 늘어난 폐기물과 오염물질 등은 인류세의 증거가 되었다. 인류가 배출한 방사성 물질, 온실기체, 플라스틱, 콘크리트, 중금속 등 인간의 기술로 만들어진 새로운 인공합성 물질이 쌓여 기술화석 Technical Fossil이 되었고, 인류세의 지표가 되었다.

지리학이 고민해야 할 문제들_빈곤

빅히스토리의 개척자로 알려진 폰팅 Clive Ponting은 《녹색세계사》에서 인구 증가에 따라 대기가 오염되고, 삼림이 파괴되고, 토양이 사라지고, 사막이 넓어지고, 호수나 토양에 소금기가 많아지고, 물이 부족해지고, 야생이 파괴되며, 도시화가 된다고 말했다. 인구가 계속 늘어나면 자원과 식량에 대한 압박도 더 커질 것이고, 그 문제를 해결하지 못하면 빈곤과 기아를 피할 수 없게 된다.

유엔 인권위원회의 식량특별조사관이었던 지글러 Jean Ziegler는 《왜 세계의 절반은 굶주리는가?》에서 빈곤과 기아를 일으키는 정치·사회·경제적인 요인은 서로 연결되어 있다고 주장했다. 전쟁과 정치적 무질서 때문에 구호 조치가 작동하지 않는 데다, 자신들이 소비할 식량보다는 선진국에 판매할 커피, 카카오, 열대

과일, 팜유, 고무 등 돈을 벌 수 있는 환금 작물Cash Crop을 생산하면서 식량 부족을 겪기 때문이다. 이에 더해 기후변화로 농작물 생산이 더욱 불안정해졌고, 생산된 곡물을 가축 사료로 이용하면서 식량 부족 문제는 더욱 심각해졌다.

가난한 나라의 여성일수록 교육받을 기회가 적어 직업을 갖기 힘들고 소득이 낮아 경제적으로 자립할 수 없으며 자녀들에게도 가난이 대물림된다. 빈곤의 원인은 국민성이나 자연환경 등 그 나라의 속성으로만 이해하기는 어렵다. 사회 구조를 알지 못하면 개인의 빈곤을 설명할 수 없듯이 세계 관계를 모르고서는 특정 국가의 빈곤을 설명할 수 없다. 이처럼 지역과 계층 사이에 나타나는 빈부 격차는 지리적인 현상이며, 지리학에 주어진 숙제다.

지역별 경제적 격차를 줄이기 위해서는 인간의 잠재력을 발휘하고 삶의 질을 높이는 교육을 받을 권리가 있어야 한다. 학문은 지적 욕구를 충족시키는 목적도 있지만, 당면한 문제를 해결하면서 개인과 조직 그리고 지역의 발전을 이끌기 위한 사회적 목적도 있기 때문이다.

지리학이 고민해야 할 문제들 _ 기후변화

기후과학자들의 경고는 엄중하다. 인류는 하루라도 빨리 화석연료의 사용을 줄이거나 중단해야 한다는 것이다. 하지만 아직도 인류의 문명은 화석연료에 의존하고 있다. 화석연료를 포기하지 못하는 것이 우리 인류가 가진 딜레마다. 기후변화가 심각한 문제라고 외치면서 우리는 왜 기후변화를 외면하는 걸까? 우리는 기후위기를 일으키는 원인 제공자이자 가해자며 피해자이기 때문이다.

기후변화는 단순히 과학 이슈가 아니라 세계 경제, 세계 안보를 좌우하는 정치, 사회, 문화의 문제다. 기후변화로 무너지는 생태계 붕괴와 사회 붕괴는 빈곤, 환경 파괴, 사회 불의, 질병, 폭력 등의 부작용을 낳는다. 기후변화와 환경파괴는 전 세계에 영향을 미치므로 기술 개발과 국제적 협력 그리고 개개인의 적극적 행동이 필요하다.

ESG는 'Environment^{환경}', 'Social^{사회}', 'Governance^{지배구조}'의 머리글자를 딴 단어다. 기업을 운영할 때 친환경이어야 하고 사회적으로 책임감 있는 윤리 경영을 해야 하며, 지배구조가 투명해야 지속가능한 발전을 할 수 있다는 것이다.

유럽연합^{EU}이나 미국 등에서는 기업을 평가할 때 ESG가 중

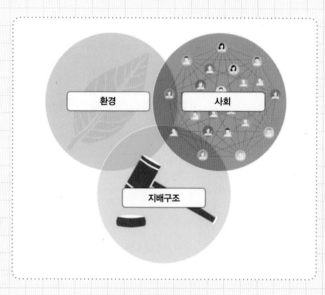

ESG 출처: businesskorea

유럽연합EU이나 미국 등에서는 기업을 평가할 때
ESG가 중요한 기준으로 자리 잡고 있다.

요한 기준으로 자리 잡고 있다. 영국2000년을 시작으로 스웨덴, 독일, 캐나다, 벨기에, 프랑스 등 여러 나라에서 ESG 정보 공시 의무 제도를 도입했다. 우리나라도 2025년부터 자산 총액 2조 원 이상 기업들의 ESG 공시 의무화가 도입된다. 그만큼 환경의 중요성이 커졌다는 의미다.

하지만 기후변화, 생태계 파괴, 자원과 에너지 문제 등 인류세의 현안을 해결하기 위해서는 과학자들이나 기업만의 노력으로는 어렵다. 정부, 기업, 개인 그 누구도 예외가 될 수 없다. 누구나 기후변화를 막고, 자연생태계를 보전할 수 있는 일을 찾아 실천하면서 다른 생명체들과 조화롭고 균형을 이루며 사는 길에 나서야 한다. 개인도 ESG를 가정과 일터에서 실천해야 한다. 우리는 피해자이기 이전에 가해자이기 때문이다.

물론 인류 앞에 놓인 기후변화, 환경오염, 생물 다양성의 멸종 등을 해결할 수 있는 명쾌한 해답을 찾기 쉽지 않다. 또 어떤 한 사람이 해결해 줄 수도 없다. 모두가 환경과 생태계에 어떤 문제가 생겼는지 살피면서 할 수 있는 것부터 찾아 실천하는 것이 '지구와 공생하는 사람'의 첫걸음이다.

지리학이 고민해야 할 문제들_생태

지구생태계는 인류가 등장한 이래 다섯 차례의 큰 변화를 겪었다. 구석기시대의 수렵채집 시기는 생태계를 재구성하는 시기로 지구적인 변화의 시대였다. 신석기시대는 숲을 불태워 농사를 짓고 가축을 기르는 농업 발전의 시기로 온난화가 시작되었다. 지리상의 발견시대는 유럽인들이 새로운 자원을 찾아 세계를 떠돌면서 질병을 퍼뜨려 인구를 감소시켰다. 농업사회가 끝나고 도시화와 산업화와 함께 화석연료를 소비하면서 지구 오염을 부추긴 산업혁명시대가 뒤를 이었다. 오늘날은 대량생산과 소비를 당연하게 여기면서 자연환경시스템이 붕괴되는 소비추구의 시대다.

영국 런던 대학 유니버시티 칼리지의 루이스Simon Lewis와 매슬린Mark Maslin은 사피엔스가 장악한 행성에서 인류의 시대에 지구의 멸망을 막을 수 있는 새로운 생활방식이 필요하다고 주장했다. 그는 이를 위해서는 보편적 기본소득과 자연을 되살리는 재再야생화가 필요하다고 주장했다. 보편적 기본소득으로 사람들이 바람직하지 않은 일을 거부하고, 하고 싶은 일을 선택해서 할 수 있도록 해야 환경파괴를 막고 지구와 인간의 공존이 가능해진다는 것이다. 지구를 다시 야생화하는 방법으로는 '지구의 절반'을 야생으로 되돌릴 것을 제안했다. 지구를 함께 공유하는 수많은 생물 종을 위해 지구의 절반을 양보하자는 것이다.

생물다양성은 '위로부터 아래로' 작용하는 지구 차원의 임계점을 나타낸다. 인구 증가, 광범위한 자연 생태계의 파괴, 기후변화와 같은 압박이 동시에 발생하면 지구의 생물권은 돌이킬 수 없는 변화 쪽으로 기울어질 수도 있다. 그러므로 지리학은 자연 생태계에 미치는 인간의 역할에 주목해야 한다.

지구온난화와 자연재해의 발생은 정비례한다. 유엔이 2011년 발표한 세계재해통계에 따르면 1940년보다 2010년의 자연재해가 150배 이상 많았다. 인구가 늘고, 화석연료의 소비량이 많아지고, 도시화와 산업화되고, 자연생태계가 파괴될수록 기후변화에 따른 자연재해의 발생 빈도가 잦아지고 인명과 재산 피해도 는다. 인류의 생존을 위협하는 기후변화, 생물의 멸종 등에 대응하기 위해서는 에너지, 식량, 물, 토지의 남용을 줄이고 지속가능한 삶을 살 수 있도록 해야 한다는 것이 지리학의 주장이다.

지리학은 지역개발에 따른 자연생태계 훼손의 문제를 꾸준히 제기해 왔다. 우리 세대의 단기적인 이익을 위해 산, 하천, 갯벌, 바다를 개발하는 것보다 미래 세대에게 자연을 보전해 물려주는 것이 효율적이다. 후손들에게 필요한 것은 단기적인 이익이나 편의보다는 미래 사회에서 무한한 가치를 발휘할 때묻지 않은 자연생태계이다.

기후변화는 생태계에 커다란 위기를 몰고 왔고 이에 대한 해결책을 찾는 일은 시급하다. 하지만 기후변화가 생태계에 미치는 영향을 파악하는 일은 생각만큼 쉽지 않다. 왜냐하면 변화는 대부분 매우 느리게 진행되는 데다 여러 요소가 복합적으로 작용하기 때문이다. 또 기후변화가 우리 일상과 직접적인 관계가 없다고 여기고 대책을 마련하는 일에는 소홀하기 때문이기도 하다.

지리학의 쓸모

인간 사회와 환경에 초점을 맞추는 지리학 연구는 지난 수십 년 동안 생태학이나 경제학 등 다른 학문과의 관련성을 발견하면서 르네상스를 보냈다. 지리학 연구의 도구와 분석 방법은 연구실을 거쳐 과학 및 산업계까지 퍼져나갔다. 지리적 소양을 갖춘 사람을 찾는 곳이 많아지면서 미국의 대학에서 지리학 수업을 듣는 학생의 수도 크게 늘었다. 교육자, 사업가, 연구자, 정책결정자 등이 사회 문제를 해결하는 데 지리학의 관점과 도구를 활용한다.

사상가였던 칸트Immanuel Kant는 대학에서 지리학, 인류학, 물리학을 가르쳤고, 테레사 수녀Mother Teresa Bojaxhiu도 15년 동안 인도 캘커타에서 지리와 역사 교사로 활동했다. 미국의 유명한 농구선수였고 구단주가 된 마이클 조던Michael J. Jordan은 노스캐롤라이나 대학에서 지리학을 공부했고, 영국의 윌리엄 왕세손Prince William은 스코틀랜드 세인트 앤드루스 대학에서 지리학을 공부했다. 지리를 가르치고 배운 유명인들의 성공 사례를 보면 지리학은 분명히 가능성이 많은 도전할 만한 미래지향적인 전공 분야다.

선진국에서는 지리학을 공부한 사람들이 대학교수, 교사, 작가, 프로듀서, 기후학자, 대기와 수질 관리자, 수문학자, 토양학자, 자연생태학자, 국립공원전문가, 야생동식물관리자, 야외활동지도자, 토지이용분석가, 해안

관리전문가, 폐기물계획가, 환경측정가, 감정평가사, 환경영향평가사, 입지분석전문가, 시장조사와 산업분석가, 정보전문가, 도시와 지역계획가, 교통관리자, 토지개발자, 부동산관리자, 원격탐사전문가, 컴퓨터지도제작자, 지도분석가, 지도편집자, 시스템분석가, 지리정보전문가, 국제무역과 투자기업가, 지역전문가, 자연자원전문가, 기상예보원, 야외활동전문가, 여행전문가 등의 분야에 진출해 일하고 있다.

우리나라 고용노동부 산하 한국고용정보원의 워크넷www.work.go.kr에는 지리학을 공부한 사람이 사회에 진출해서 하는 업무가 자세히 소개되어 있다.

지리학 전공자는 정부 기관이나 기업부설 연구소, 언론 분야에서 근무하거나, 대학에서 교육과 연구를 병행할 수 있다. 구체적으로는 국토교통, 환경, 해양수산, 기상 관련 정부 부처와 국토연구원, 국토지리정보원, 국립생태원, 국립환경연구원 등 국책연구원, 한국토지주택공사, 한국수자원공사, 한국도로공사, 한국농어촌공사 등 공기업, 민간기업에서 지리학연구원, 환경영향평가원, 교통영향평가원, 지능형교통시스템연구원, 교수와 교사, 감정평가사, 지리정보시스템GIS전문가, 지도제작전문가 등으로 일할 수 있다. 특히 요즘은 도시계획, GPS 및 GIS와의 융복합 분야에서 각광받고 있다.

지리학은 사회가 발전할수록 다양한 분야에 적용이 가능한 잠재력 있는 분야이다. 앞으로도 지리학 응용 분야의 인력에 대한 수요가 늘 것으로 예상되며, 정부가 이 분야를 위한 네트워크 구축과 제도적 지원을 강화하고 있는 점도 긍정적이다. 지리학에 청소년들의 도전을 환영한다.

지리는
인문학과 자연과학 경계에 있습니다.
그래서 이곳과 저곳을
쉽게 거닐 수 있습니다.

그것이 바로
지리의
힘!

워크넷(work.go.kr)의 한국직업사전을 참고했습니다.
더 궁금한 것이 있다면, 지리쌤과 이야기하세요.

더 읽을거리

1장

공우석, 2018, 《왜 기후변화가 문제일까?》, 반니

공우석, 2020, 《생태: 지구와 공생하는 사람》, 이다북스

재레드 다이아몬드, 김진준 옮김, 2005, 《총 균 쇠》, 문학사상

재레드 다이아몬드, 강주헌 옮김, 2019, 《대변동》, 김영사.

자크 아탈리, 김수진 옮김, 2018, 《어떻게 미래를 예측할 것인
　가》, 21세기북스

이코노미스트, 《2022 세계대전망》, 한국경제신문

2장

권정화, 2020, 《지리교육의 이해를 위한 지리사상사 강의노트》,
　한울아카데미

대한지리학회, 2016, 《대한지리학회 70년사(1945~2015)》, 대한지리
　학회

알렉산더 폰 훔볼트, 정암 옮김, 2000, 《훔볼트의 세계》, 한울

이종찬, 2020, 《훔볼트 세계사》, 지식과감성

이희연, 2005,《지리학사》, 법문사

정치영, 2021,《지리지를 이용한 조선시대 지역지리의 복원》, 푸른길

한국문화역사지리학회, 2011,《한국역사지리》, 푸른길

알렉산더 폰 훔볼트, 정암 옮김, 2012,《식물지리학 시론 및 열대 지역의 자연도》, 지식을만드는지식

3장

공우석, 2007,《생물지리학으로 보는 우리 식물의 지리와 생태》, 지오북

국토지리정보원, 2015,《독도지리지》, 진한엠앤비

국토지리정보원, 2020,《청소년을 위한 대한민국 국가지도집》, 진한엠앤비

김이재, 2015,《내가 행복한 곳으로 가라》, 샘터사

헤르만 라우텐자흐, 김종규·강경원·손명철 옮김, 2014,《코레아》, 푸른길

성정원, 2019,《경제를 읽는 쿨한 지리 이야기》, 맘에드림

이경한, 2020,《일상에서 장소를 만나다》, 푸른길

이영민, 2019,《지리학자의 인문여행》, 아날로그

한주성, 2015,《경제지리학의 이해》, 한울아카데미

4장

마쓰오카 게이스케, 홍성민 옮김, 2017,《구글 맵, 새로운 세계의
  탄생》, 위즈덤하우스

공우석, 2021,《숲이 사라질 때》, 이다북스

김영미, 2019,《세계는 왜 싸우는가》, 김영사

하름 데 블레이, 유나영 옮김, 2007,《분노의 지리학》, 천지인

하름 데 블레이, 유나영 옮김, 2015,《왜 지금 지리학인가》, 사회
  평론

팀 마샬, 김미선 옮김, 2016,《지리의 힘》, 사이

팀 마샬, 서남희 옮김, 2020,《세계사를 한눈에 꿰뚫는 대단한 지
  리》, 비룡소

박배균 외, 2019,《한반도의 신지정학》, 한울아카데미

박수진 외, 2020,《북한지리백서》, 푸른길

파스칼 보니파스·위베르 베드린, 강현주 옮김, 2017,《지도로 보
  는 세계》, 청아출판사

파스칼 보니파스, 강현주 옮김, 2020,《지도로 보는 세계정세》,
  청아출판사

옥성일, 2019,《지리는 어떻게 세상을 움직이는가?》, 맘에드림

이희수, 2015,《이슬람 학교》1·2, 청아출판사

이희수, 2021,《이희수의 이슬람》, 청아출판사

조지프 제이콥스, 김희정 옮김, 2017,《세계 지도는 어떻게 완성
　되었을까?》, 행성B아이들

정의길, 2018,《지정학의 포로들》, 한겨레출판사

조철기, 2017,《일곱 가지 상품으로 읽는 종횡무진 세계지리》, 서
　해문집

조홍섭, 2011,《한반도 자연사 기행》, 한겨레출판사

지리교육연구회 지평, 2005,《지리 교사들 남미와 만나다》, 푸른
　길

로버트 D. 카플란, 이순호 옮김, 2017,《지리의 복수》, 미지북스

리처드 필리스·제니퍼 존스, 박경환 외 옮김, 2015,《지리 답사란
　무엇인가》, 푸른길

5장

강재호, 2015,《지리 레시피》, 황금비율

공우석, 2012,《키워드로 보는 기후변화와 생태계》, 지오북

공우석, 2019,《우리 나무와 숲의 이력서》, 청아출판사

제임스 러브록, 홍욱희 옮김, 2004,《가이아》, 갈라파고스

옥성일, 2019,《지리는 어떻게 세상을 움직이는가?》, 맘에드림

이경한, 2018,《자리의 지리학》, 푸른길

이도원·박수진·윤홍기·최원석, 2012,《전통생태와 풍수지리》,

지오북

최원석, 2018,《사람의 지리 우리 풍수의 인문학》, 한길사

최창조, 2016,《한국 자생 풍수의 기원》, 도선, 민음사

이-푸 투안, 윤영호·김미선 옮김, 2020,《공간과 장소》, 사이

새뮤얼 헌팅턴, 이희재 옮김, 2016,《문명의 충돌》, 김영사

6장

공우석, 2020,《바늘잎나무 숲을 거닐며》, 청아출판사

공우석, 2020,《기후위기》, 이다북스

공우석·김소정, 2021,《이젠 멈춰야 해! 기후변화》, 노란돼지

김정호, 2018,《영호남의 인문지리》, 지식산업사

사이먼 L. 루이스·마크 A. 매슬린, 김아림 옮김, 2020,《사피엔스
　가 장악한 행성》, 세종서적

미국 국가연구위원회 지리학재발견위원회, 안영진 외 옮김,
　2021,《지리학의 재발견》, 푸른길

박승규, 2020, 지리학,《인간과 공간을 말하다》, 책세상

박정재, 2021,《기후의 힘》, 바다출판사

레스터 브라운, 이종욱 옮김, 2011,《우리는 미래를 훔쳐 쓰고 있
　다》, 도요새

피터 브래넌, 김미선 옮김, 2019,《대멸종 연대기》, 흐름출판

안대회, 2020,《택리지 평설》, 휴머니스트

이지유, 2020,《기후 변화 좀 아는 10대》, 풀빛

조천호, 2019,《파란하늘 빨간지구》, 동아시아

장 지글러, 유영미 옮김, 2007,《왜 세계의 절반은 굶주리는가?》 갈라파고스

클라이브 폰팅, 이진아·김정민 옮김, 2019,《클라이브 폰팅의 녹색 세계사》, 민음사

기타 참고자료

네이버지식백과 https://terms.naver.com

다음백과 https://100.daum.net

위키피디아 https://ko.wikipedia.org/wiki

한국고용정보원 https://www.work.go.kr

한국민족문화대백과사전 http://encykorea.aks.ac.kr

세상을 보는 또 다른 창을 만나다

처음 지리학

초판 1쇄 발행 2022. 3. 25.
초판 3쇄 발행 2023. 6. 15.

지은이   공우석
발행인   이상용
발행처   봄마중
출판등록 제2022-000024호
주소   경기도 파주시 회동길 363-15
대표전화 031-955-6031
팩스   031-955-6036
전자우편 bom-majung@naver.com

ISBN 979-11-978051-0-3 43980